Os Dez Mais Belos Experimentos Científicos

Robert P. Crease

Os Dez Mais Belos Experimentos Científicos

Tradução:
Maria Inês Duque Estrada

ZAHAR

Às coisas selvagens, em todos os lugares

Título original:
The Prism and the Pendulum
(The Ten Most Beautiful Experiments in Science)

Publicado com autorização do autor, a/c Baror International, Inc., de Armonk, Nova York, EUA. Tradução autorizada da edição norte-americana, publicada em 2003 por Random House, de Nova York, EUA

Jorge Zahar Editor Ltda.
rua Marquês de S. Vicente 99 – 1º andar
22451-041 Rio de Janeiro, RJ
tel.: (21) 2529-4750 / fax: (21) 2529-4787
editora@zahar.com.br
www.zahar.com.br

Grafia atualizada respeitando o novo Acordo Ortográfico da Língua Portuguesa.

Capa: Sérgio Campante

CIP-Brasil. Catalogação-na-fonte
Sindicato Nacional dos Editores de Livros, RJ

Crease, Robert P.
C933d Os dez mais belos experimentos científicos / Robert P. Crease; tradução, Maria Inês Duque Estrada. — Rio de Janeiro: Zahar, 2006.
16 × 23 cm; il.

Tradução de: The prism and the pendulum: (the most beautiful experiments in science)
ISBN 978-85-7110-946-9

1. Ciência – História. 2. Ciência – Experiências. I. Título.

06-3039 CDD: 509
CDU: 50(091)

Sumário

Lista de ilustrações

Introdução
O momento de transição

Não consigo lembrar a primeira vez em que ouvi cientistas se referirem a um experimento como "belo", mas consigo lembrar a primeira vez em que entendi do que estavam falando.

Há muitos anos, eu me encontrava sentado em um escritório acadêmico mal-iluminado no prédio de física da Universidade Harvard, cercado por pilhas desarrumadas de livros e papéis. À minha frente estava Sheldon Glashow, um físico enérgico cujas feições, incluindo os óculos de grossura industrial, quase se escondiam por trás de um véu oracular de fumaça de cigarro. "Aquele foi um experimento belo", ele dizia, "um experimento absolutamente *belo*!" Algo em sua intensidade e na ênfase me fez entender que escolhia palavras com cuidado. A seus olhos, o experimento que estava a descrever era – literalmente – uma coisa bela.

Glashow não é uma pessoa ignorante. Como muitos cientistas, ele sabe muito mais sobre as artes e ciências humanas do que os praticantes desses campos geralmente sabem sobre o seu: física de alta energia. Ele é, além disso, um cientista famoso, e recebera o Prêmio Nobel de Física em 1979, poucos anos antes de nossa conversa. Naquele momento, em seu escritório, fui forçado a considerar a possibilidade de que alguém realmente encarasse um experimento científico como belo, querendo dizer o mesmo que a maioria de nós quando classificamos uma paisagem, uma pessoa ou uma pintura como belas.

Fiquei curioso para saber mais sobre aquele experimento que empolgara Glashow, ao qual ele se referira resumidamente como experimento de "correntes neutras de Slac". Era um projeto difícil e complicado que havia consumido os esforços de cientistas, engenheiros e técnicos por muitos anos. Levou nove anos para ser planejado e construído, e finalmente foi executado na primavera de 1978, em um acelerador de partículas de três quilômetros de comprimento localizado no Slac, ao Sul de São Francisco, nas montanhas de Santa Clara. O experimento envolvia a criação de elétrons polarizados – elétrons orientados na mesma direção – para então dispará-los pelo acelerador numa velocidade quase igual à da luz, acertá-los em uma massa de prótons e nêutrons, e observar os resultados. Disso dependia uma nova teoria sobre a matéria em seus níveis mais fundamentais – a participação de Glashow foi decisiva para o desenvolvimento desse experimento. Se a teoria estivesse correta, os experimentadores deveriam ver uma pequena diferença no modo pelo qual os elétrons polarizados em diferentes direções ricocheteavam nos prótons, indicando a presença de algo chamado "correntes neutrais violadoras de paridade". A diferença era extremamente pequena – algo como um em mil elétrons. Observar isso exigia tamanha precisão – e para o experimento ser convincente os cientistas deveriam observar *dez bilhões* de elétrons – que muitos cientistas acharam a tarefa impossível, ou que o resultado seria inconclusivo.

Poucos dias depois do início do experimento, porém, tornou-se claro que a resposta não era nem um pouco ambígua ou questionável, e que a ambiciosa teoria estava correta. (Glashow e dois outros cientistas ganharam prêmios Nobel por seus papéis na criação dessa teoria.) De fato, o experimento executado de maneira tão magistral fez a existência de uma nova e fundamental propriedade da natureza – as correntes neurais violadoras de paridade – tão vividamente aparente para qualquer pessoa com treinamento em física que até mesmo aqueles que não participaram do projeto o acharam emocionante. Quando um dos cientistas envolvidos descreveu para outros, pela primeira vez, o trabalho experimental e seus resultados, em palestra realizada no auditório do acelerador, em junho de 1978, ninguém na plateia se lembrava de outra ocasião em que o pessoal do laboratório – normalmente um grupo dado a polemizar – não tivesse contestado os resultados. Na verdade, não houve sequer uma pergunta. Todos os presentes também se lembram de que os aplausos que se seguiram à palestra foram mais longos, apreciativos e respeitosos do que habitualmente.[1]

A ideia de que um experimento pudesse ser belo me fez pensar no que poderia se incluir numa lista de belos experimentos. Isso produziu resultados que me intrigaram no âmbito de minha carreira dual: como filósofo e como historiador da ciência. O que significa dizer que um experimento é belo? E o que significa, para a beleza, dizer que ela inclui experimentos?

Quando falo com não cientistas sobre a beleza de um experimento, eles tendem a ser céticos. Há três fatores que explicam tal ceticismo, na minha opinião. Um é social: quando os cientistas se apresentam em público – relatando seu trabalho formalmente ou conversando com jornalistas –, eles raramente usam a palavra "beleza". As convenções sociais para pesquisadores determinam que eles apareçam como pesquisadores objetivos da natureza e mascarem sua visão subjetiva e pessoal. Para passar essa imagem, os cientistas apresentam seus experimentos como objetos puramente funcionais, como a mera manipulação de um grupo de instrumentos que quase automaticamente produz a informação correta.

O segundo fator é cultural: o modo como a ciência é em geral ensinada nas escolas. Livros escolares usam experimentos como veículos para o planejamento de uma aula, como um acessório para que os estudantes adquiram um entendimento mais profundo. Encarando os experimentos apenas como um obstáculo para se completar um curso, os estudantes facilmente deixam de perceber sua beleza.

Um terceiro fator é o preconceito de que beleza verdadeira só pode ser observada no abstrato. "Apenas Euclides viu a beleza nua", declarou a poeta Edna St. Vincent Millay. Por essa razão, discussões sobre a beleza na ciência normalmente focalizam seu papel em teorias e explicações. Abstrações, como equações, modelos e teorias, possuem simplicidade, clareza, profundidade, eternidade e outras propriedades que tendemos a associar à beleza. Experimentos – trabalhar com máquinas, hardware, produtos químicos e organismos – não parecem se encaixar nessa classificação.

Em seu cotidiano, os cientistas sabem que o trabalho de laboratório é extremamente tedioso. A maior parte do trabalho do que fazem é calibrar, preparar, planejar e resolver problemas, a começar com o financiamento e o apoio a suas pesquisas. A maior parte da atividade científica consiste em ampliar as possibilidades do que fazemos e do que sabemos. Mas, a qualquer momento, inevitavelmente, ocorre um evento que cristaliza novas ideias e reordena o modo como pensamos as coisas. Isso nos coloca numa confusão que nos mostra – diretamente, sem qualquer questão – o que é importante, transformando nossas ideias sobre a natureza. Os cientistas tendem a chamar esses momentos de "belos".

A palavra aparece em conversas, memorandos, cartas, entrevistas, cadernos de anotações e coisas assim. "Beleza. Publicar isto sem falta, é belíssimo!", escreveu o físico ganhador do Prêmio Nobel Robert Millikan em uma página de seu caderno de laboratório em 1912 – porém não usou a palavra "beleza" no relatório científico que publicou em seguida. James Watson, vendo a agora famosa fotografia que Rosalind Franklin fez da molécula de DNA no início de 1953, descreveu-a como "uma hélice simplesmente bela". E no primeiro esboço do famoso relatório sobre a descoberta do DNA que escreveu com Francis Crick, ele se referiu ao "belíssimo" trabalho de Franklin e dos outros cientistas do King's College. Diante da insistência de seus colegas, porém, ele retirou a frase da versão final. Em momentos espontâneos e não censurados, os cientistas aplicam a palavra "belo" a resultados, técnicas, equações, teorias – e, talvez o mais intrigante, aos propulsores do avanço científico, os experimentos.[2]

Quando falam de beleza nesses contextos, os cientistas geralmente aplicam a palavra de forma livre, equivocada, e às vezes até contraditória. É difícil culpá-los; existirá algum tema mais difícil de se discutir com precisão? Victor Weisskopf, um dos grandes físicos do século XX, declarou em 1980 que "o belo na ciência é a mesma coisa que é bela em Beethoven". Mas apenas alguns anos depois ele escreveu que "o que se chama de 'beleza' na ciência tem pouco em comum com a beleza que vemos na arte".[3] Weisskopf viu tanto uma similaridade quanto uma diferença entre beleza na ciência e na arte, mas não possuía os meios para enunciar essa diferença de forma coerente.

Outros cientistas, porém, tentaram falar do problema de forma mais cuidadosa. Um deles foi o matemático britânico G.H. Hardy, que, em seu maravilhoso livro *A Mathematician's Apology*, cita várias comprovações matemáticas como belas e defende tais afirmações. Hardy sugere que o critério essencial para a beleza em seu campo de trabalho é o inesperado, a inevitabilidade e a economia – e também a profundidade, ou seja, quão fundamental uma demonstração é. Assim, uma comprovação matemática pode ser chamada de bela, e um problema de xadrez não pode, diz ele. A solução de um problema de xadrez não pode mudar a natureza do jogo, mas uma nova afirmação matemática pode alterar a própria matemática.[4]

Michael Faraday, físico inglês do século XIX, ficou famoso por suas palestras públicas na Royal Institution em Londres. Uma das mais populares foi "A história química da vela". No início de sua palestra, Faraday descreveu as velas como "belas". Ele explicou que não estava se referindo à beleza de cor ou forma; na verdade, Faraday não gostava de velas ornamentais. Em vez disso, ele explicou, beleza significa "não aquela que parece mais bela, mas aquela que *age* de forma mais bela". A seus olhos, uma vela é bela porque funciona de forma elegante e eficiente em decorrência de várias leis universais. O calor da chama derrete a cera ao mesmo tempo que puxa correntes ascendentes de ar para esfriá-la nas bordas, criando uma bacia para a cera derretida. A poça de cera derretida se mantém horizontal pela "mesma força gravitacional que mantém os mundos em seus lugares". A ação capilar puxa a cera derretida pelo fio até a chama no topo, enquanto o calor da chama inicia uma reação química na cera que mantém a chama acesa. A beleza da vela, dizia Faraday, está no intricado jogo de princípios científicos do qual ela depende, e na economia com a qual esses princípios interagem.[5]

Mas e a beleza de um experimento? Um experimento, ao contrário de uma pintura ou escultura, é dinâmico. Parece mais uma performance dramática, sendo algo que as pessoas planejam, preparam e observam, no intuito de produzir algo pelo qual têm um interesse específico. Como saber a circunferência da Terra sem passar uma fita métrica ao redor da linha do Equador?

Como saber que a Terra gira sem voar para o espaço sideral e observar, ou como saber o que há no interior de um átomo? Preparando cuidadosamente um evento em laboratório – às vezes com objetos tão simples quanto prismas e pêndulos –, podemos fazer com que respostas para essas perguntas apareçam diante dos nossos olhos. A forma emerge do caos – e não magicamente, como um mágico puxando um coelho da cartola, mas em decorrência de eventos orquestrados por nós mesmos. Fazemos os mistérios do mundo falarem.[6]

A beleza de um experimento está em *como* ele faz esses elementos falarem. A comparação de Hardy entre uma comprovação científica e um problema de xadrez sugere que um experimento belo é aquele que nos mostra algo profundo sobre o mundo, de maneira a transformar a compreensão que temos dele. O modo como Faraday evoca a beleza da vela sugere que os elementos de um experimento devem ser arranjados de forma eficiente. E tanto Hardy quanto Faraday sugerem que um experimento belo deve ser definitivo, revelando seu resultado de forma clara, sem necessidade de inferir ou generalizar coisa alguma. Se o belo experimento traz perguntas, elas são mais sobre o mundo do que sobre o experimento em si.

Cada um dos três elementos da beleza – que o experimento seja profundo, eficiente e definitivo – aparece de forma consistente nas descrições de beleza que filósofos e artistas têm feito ao longo dos séculos. Alguns, de Platão a Martin Heidegger, dão ênfase ao modo pelo qual algo belo aponta, além de si, para algo verdadeiro e bom; é o surgimento do único em meio aos vários, do infinito no finito, do divino no mundano. Outros, como Aristóteles, focalizam mais a composição do objeto belo, enfatizando o papel da simetria e da harmonia ao fazer com que cada elemento contribua com algo essencial. Outros, por fim, incluindo David Hume e Immanuel Kant, falam da forma particular de satisfação que recebemos de um objeto belo. Às vezes desconhecemos nossas expectativas até que elas sejam atendidas, mas um objeto belo traz com ele uma feliz realização: "Era *isso* o que eu queria!" O fato de os experimentos possuírem essas propriedades sugere que eles podem ser chamados de "belos" – e não apenas de forma metafórica, ampliando o significado literal do termo, mas na forma legítima e tradicional da palavra.

Em *Os inocentes no estrangeiro*, Mark Twain conta sua visita ao batistério no Duomo de Pisa, onde contemplou o famoso candelabro oscilante que, diz a lenda, inspirou Galileu, aos 17 anos, a consultar seu pulso e, em um experimento rústico e improvisado, descobrir que o balanço do pêndulo era isócrono: demorava o mesmo tempo para ir e voltar, não importando a distância percorrida. (Twain sabia que a isocronia de um pêndulo é o princípio básico da maioria dos relógios mecânicos.) Twain achou o pêndulo ao mesmo tempo aristocrático e proletário; olhando para ele, encheu-se de admiração pela descoberta de Galileu, que permitiu à humanidade demarcar as horas, e experimentou uma nova intimidade com o mundo.

> Parecia algo muito insignificante, para ter conferido uma extensão tão grande aos domínios dos mundos da ciência e da mecânica. Ponderando diante de sua presença sugestiva, parecia-me ver um universo insano de discos balançando, os filhos trabalhadores desse pai sedado. Ele parecia ter uma expressão inteligente, como se soubesse que não era uma lâmpada, que era um pêndulo; um pêndulo disfarçado, para propósitos prodigiosos e inescrutáveis de sua própria criação, e não um pêndulo qualquer, mas o velho, original, patriarcal pêndulo – o pêndulo Abraão do mundo.[7]

No estilo inimitável de Twain, suas palavras ilustram a beleza que até um rudimentar experimento científico pode ter ao nos revelar algo profundo sobre o mundo, de forma simples e direta, para nos satisfazer sem precisar de provas adicionais.

O balanço do candelabro, os raios de luz através de um arranjo de prismas, a lenta progressão do plano de oscilação de um pêndulo num círculo, a descida quase simultânea de objetos de pesos diferentes que caem, a razão da velocidade de gotas de óleo – todos esses eventos, quando preparados de certa maneira, podem revelar algo sobre si mesmos e sobre o mundo. Eles são, ao mesmo tempo, como pinturas paisagísticas, que nos agradam, convencem e iluminam, e como mapas, que nos guiam mais profundamente no mundo. Um experimento é um evento de abertura: ele pode fazer uso de objetos simples e comuns, mas que servem como ponte para um mundo de descoberta e significado. A beleza nos conduz a um mundo de ideias, ao mesmo tempo que nos ancora em um mundo de lógica, como o poeta alemão Friedrich Schiller costumava insistir. "A beleza é o momento de transição, como se a forma estivesse pronta para fluir em outras formas", escreveu o norte-americano Ralph Waldo Emerson.[8]

A beleza dos experimentos pode assumir várias formas – assim como a beleza de uma peça de Bach é diferente de uma de Stravinsky. Alguns têm uma beleza sinóptica, resumindo diferentes leis universais, ao passo que outros possuem a beleza da amplitude, juntando elementos em escalas imensamente desiguais. Alguns têm uma beleza austera, seduzindo na simplicidade despojada pela qual revelam a forma pura, enquanto outros são sublimes e nos conquistam ao transmitir sinais do poder terrível, ilimitado, incompreensível e definitivo da natureza. Os mais belos experimentos envolvem elementos dos dois tipos.

Você pode pensar neste livro como um tipo de galeria de arte. Esta galeria contém peças de beleza rara, cada uma com design próprio, materiais distintos e um apelo peculiar. Talvez você não aprecie todos igualmente, já que seu passado, experiência, educação e preferências vão incliná-lo a preferir algumas das peças a outras.

Uma das tarefas mais difíceis quando se monta a galeria é decidir o que expor. Eu lidei com esse problema da seguinte maneira: em 2002, motivado por outro cientista que falava da beleza de um experimento, e lembrando-me não apenas das palavras de Glashow, mas de centenas de outras que eu havia observado no decorrer dos anos, realizei uma pesquisa. Perguntei aos leitores da revista internacional *Physics World*, na qual escrevo uma coluna, quais experimentos eles pensavam ser os mais belos. Para minha surpresa, os leitores enviaram mais de 300 candidatos. Eles variavam de experimentos históricos a imaginários, experimentos propostos, provas, teoremas, modelos. Abrangiam todos os campos científicos, da física à psicologia. Minha pesquisa foi adotada por *weblogs* e grupos de discussão na Internet, provendo-me com centenas de novos candidatos. Para compilar minha lista dos experimentos mais belos, selecionei os dez mencionados com maior frequência.[9] Alguns leitores podem argumentar que a lista é dominada por experimentos da física, e é verdade que em minha coluna na *Physics World* eu pedira aos leitores que nomeassem os mais belos experimentos físicos. Ainda assim, sinto-me justificado ao declarar que esta galeria de retratos históricos contém os dez mais belos experimentos científicos. E eu o faço porque a maioria daqueles que responderam, tanto à *Physics World* como a outras mídias, realmente compreendeu que a pesquisa era sobre os dez mais belos experimentos científicos, e porque até mesmo as sugestões de leitores da *Physics World* variaram entre química, engenharia e psicologia.

E não podemos esquecer que mais da metade dos experimentos nesta lista ocorreu antes que a física existisse como uma divisão da ciência. Além disso, eles aparecem como exemplos clássicos nos livros escolares, frequentemente discutidos e realizados quando os experimentos históricos são ensinados no colégio, e se tornaram emblemáticos da ciência em geral. Não é surpresa alguma que descrições desses experimentos apareçam nos trabalhos de artistas tão diversos quanto o dramaturgo Tom Stoppard, o músico Philip Glass e o romancista Umberto Eco – e frequentemente também na cultura popular.[10]

Decidi apresentar os experimentos em ordem cronológica. Isso nos proporciona um poderoso entendimento da vastidão da jornada que a ciência trilhou em mais de 2.500 anos. A lista nos leva de um tempo no qual as questões mais urgentes da ciência incluíam obter estimativas simples das propriedades mais básicas da Terra – entre elas seu tamanho e posição no Universo – à era em que os cientistas começam a fazer medidas precisas das propriedades do átomo e de suas partículas. Leva-nos do tempo dos instrumentos simples, como discos solares e planos inclinados, para a época dos instrumentos sofisticados. Leva-nos de uma época em que os cientistas trabalhavam sozinhos (ou, no máximo, com um assistente) ao tempo presente, em que os cientistas trabalham em grupos de centenas de indivíduos. Essa lista nos oferece uma percepção das personalidades e do pensamento criativo de algumas das figuras mais interessantes da ciência. Muitos experimentos marcantes na evolução da ciência aparecem aqui: o experimento de Galileu com planos inclinados estabeleceu pela primeira vez a forma matemática para o movimento acelerado; o *experimentum crucis* de Isaac Newton revelou a natureza da luz e das cores; o experimento das duas fendas de Thomas Young revelou a natureza ondulatória da luz; e a descoberta do núcleo atômico de Ernest Rutherford inaugurou a era nuclear. A lista contém experimentos que ilustram poderosamente, ou ajudaram a motivar, algumas das grandes mudanças de paradigma da ciência, da perspectiva de Aristóteles à de Galileu sobre o movimento, da imagem corpuscular da luz até sua concepção como onda, e da mecânica clássica à mecânica quântica.

Com uma exceção, estes experimentos foram escolhidos pelo mesmo número de pessoas. Portanto, eu não os classifico em ordem de importância. A exceção, o experimento das duas fendas, ilustrando a interferência quântica de elétrons simples, foi de longe o mais mencionado como experimento científico mais belo. Inevitavelmente, os críticos vão discutir as minhas escolhas. Mas eles estarão discutindo o processo de seleção, e não o tema da galeria: a beleza dos experimentos científicos.

1

A medida do mundo
Eratóstenes mede a circunferência da Terra

No século III a.C. o sábio grego Eratóstenes (276-*c.*195 a.C.) fez a primeira medição conhecida do tamanho da Terra. Suas ferramentas eram simples: a sombra projetada pelo ponteiro de um relógio de Sol, mais um grupo de medidas e suposições. Mas essas medidas foram tão engenhosas que seriam citadas com autoridade por centenas de anos. É um cálculo tão simples e instrutivo que é refeito anualmente, quase 2.500 anos depois, por crianças de escolas em todo o mundo. E o princípio é tão gracioso que seu simples entendimento nos faz querer medir o comprimento de uma sombra.

O experimento de Eratóstenes combinou duas ideias de grande importância. A primeira foi imaginar o cosmo como um grupo de objetos (a Terra, o Sol, planetas e estrelas) no espaço tridimensional comum. Isso pode parecer óbvio para nós, mas não era uma crença comum naquela época; foi uma contribuição grega para a ciência insistir em que, sob a miríade de movimentos sempre em mutação do mundo e do céu noturno, havia uma ordem impessoal e imutável, uma arquitetura cósmica que poderia ser descoberta e explicada pela geometria. A segunda ideia foi aplicar práticas comuns de medição para entender o escopo e as dimensões da arquitetura cósmica. Ao combinar essas duas ideias, Eratóstenes chegou à audaciosa ideia de que as mesmas técnicas desenvolvidas para construir casas e pontes, abrir estradas e campos e prever alagamentos e monções poderiam fornecer informações sobre as dimensões da Terra e de outros corpos celestes.

Eratóstenes começou presumindo que a Terra era aproximadamente redonda. Porque, apesar da crença generalizada em nossos dias de que Co-

Primeiro contador de horas conhecido é do século III a.C., em que Eratóstenes viveu.
A peça está praticamente intacta, mas perdeu o ponteiro, ou gnômon,
que projetava a sombra do Sol sobre a tigela.

lombo decidiu provar que a Terra não era plana, muitos dos gregos antigos que haviam refletido cuidadosamente sobre o cosmo já haviam concluído que ela não só deveria ser redonda, mas também que deveria ser relativamente pequena se comparada ao restante do Universo. Entre esses sábios estava Aristóteles, que, no livro *Sobre os céus*, escrito um século antes de Eratóstenes, propôs vários argumentos diferentes, alguns lógicos, outros empíricos, para explicar por que a Terra deveria ser esférica. Aristóteles assinalou por exemplo que, durante os eclipses, a sombra da Terra na Lua é curva – algo que poderia ocorrer apenas se a Terra fosse redonda. Ele também notou que viajantes observam diferentes estrelas quando vão para o norte ou para o sul (o que seria improvável se a Terra fosse plana), que certas estrelas visíveis no Egito e em Chipre não podem ser vistas em terras ao norte, e que certas outras, sempre visíveis no norte, surgem e se põem no sul, como se fossem vistas a distância, a partir da superfície de um objeto redondo. "Isso indica não apenas que a massa da Terra é esférica em sua forma", escreveu Aristóteles, "mas também que, comparada às estrelas, não é grande em tamanho."[1]

Mas o versátil pensador também ofereceu argumentos mais criativos. Pelos contos de viajantes estrangeiros e expedições militares, ele sabia que os elefantes eram encontrados tanto a leste (África) quanto a oeste (Ásia). Portanto, disse ele, essas terras estariam provavelmente unidas – uma dedução esperta, porém incorreta. Outros sábios gregos sugeriram argumentos adicionais para a forma esférica da Terra, inclusive a diferença no tempo do nascer ao pôr do sol em diferentes países e o modo como os navios desaparecem gradualmente no horizonte, do casco para cima.

Mas nada disso respondia à questão básica: que tamanho tem essa Terra redonda? Seria possível descobrir isso sem que os pesquisadores tivessem de viajar por toda a circunferência?

Até Eratóstenes, conhecíamos apenas estimativas do tamanho da Terra. A mais antiga é de Aristóteles, que escreveu: "os matemáticos que tentam calcular o tamanho da circunferência terrestre chegam ao resultado de 400 mil estádios". Mas ele não revelou suas fontes nem explicou seu raciocínio.[2] Também é impossível converter esse resultado em números modernos. Um estádio se referia ao comprimento de uma pista de corrida grega, que variava de cidade para cidade. Usando a estimativa aproximada de um estádio, os pesquisadores de hoje calcularam o resultado de Aristóteles em pouco mais de 64.372 quilômetros (o número real é mais ou menos 40 mil quilômetros). Arquimedes, que construiu modelos do cosmo nos quais os corpos celestes giravam um ao redor do outro, chegou a uma estimativa ligeiramente menor que Aristóteles: 300 mil estádios, ou pouco mais de 48 mil quilômetros. Mas ele também não deu qualquer pista a respeito de suas fontes ou de seu raciocínio.

Entra Eratóstenes. Contemporâneo de Arquimedes, porém mais jovem, Eratóstenes nasceu na África do Norte e foi educado em Atenas. Era um polímata, um especialista em várias áreas, desde crítica literária e poesia até geografia e matemática. Mas não o consideravam capaz de chegar ao primeiro lugar em nenhuma delas, o que levou seus companheiros a lhe dar o apelido sarcástico de "Beta", a segunda letra do alfabeto grego, uma piada indicando que ele era sempre o segundo melhor. Apesar das brincadeiras, sua inteligência era tão renomada que, em meados do século III a.C., o rei do Egito o convidou para ser professor de seu filho, e depois o indicou para dirigir a famosa biblioteca de Alexandria. Essa foi a primeira e maior biblioteca de seu tipo, e havia sido estabelecida pelos Ptolomeu, soberanos do Egito, como parte da elevação de Alexandria ao posto de capital cultural do mundo grego. Essa biblioteca se tornou um ponto de encontro para os sábios do mundo inteiro. Em Alexandria, os bibliotecários conseguiram reunir uma enorme coleção de manuscritos sobre uma ampla variedade de temas que qualquer um com as credenciais necessárias poderia utilizar. (A biblioteca de Alexandria também foi a primeira de que se tem notícia a organizar os manuscritos por autor e em ordem alfabética.)

Eratóstenes escreveu dois livros de geografia que foram de particular importância no mundo antigo. *Geográfica*, um conjunto de três volumes, foi o primeiro a mapear o mundo usando paralelos (linhas paralelas ao equador) e meridianos (linhas longitudinais, que passam por ambos os polos e por um determinado local). O seu *Medidas do mundo* continha a primeira descrição conhecida de um método para medir o comprimento da Terra. Infelizmente, as duas obras se perderam, e temos de reconstituir seu pensamento por meio de comentários de outros autores da Antiguidade que conheciam seu trabalho.[3] Felizmente, estes eram muitos.

Eratóstenes partiu do raciocínio de que se a Terra fosse um corpo pequeno e esférico em um vasto universo, então os outros corpos, como o Sol, deveriam estar muito distantes – tão distantes que seus raios estariam essencialmente em paralelo, não importa onde atingissem a Terra. Também sabia que, à medida que o Sol sobe no céu, as sombras se tornam progressivamente menores – e sabia, por meio de relatos de viajantes, que no solstício de verão, na cidade de Siena (hoje Assuã), o Sol paira diretamente sobre a cidade, e as sombras desaparecem ao redor de objetos verticais, até mesmo colunas, mastros e até nos gnômons, os indicadores verticais ou ponteiros de relógios de Sol, cuja única função é projetar sombras. As sombras desapareciam até de dentro do poço da cidade quando a luz o banhava de modo uniforme, "como uma tampa que se encaixa exatamente em um buraco", de acordo com uma fonte antiga.[4] (Exagero um pouco: elas não desapareciam por completo, apenas se projetavam diretamente abaixo dos objetos, em vez de se projetarem para o lado, como em geral acontece.)

Além disso, Eratóstenes sabia que Alexandria ficava ao norte de Siena e mais ou menos no mesmo meridiano. E, graças aos pesquisadores que o faraó enviava para viajar pelo rio Nilo e mapear as terras todo ano depois das enchentes periódicas, Eratóstenes sabia que as duas cidades estavam separadas por cerca de cinco mil estádios (o número foi arredondado, então não podemos usar essa informação para estabelecer o equivalente preciso de um estádio em unidades de medida moderna).

Em termos atuais, Siena estava no trópico de Câncer, uma linha imaginária que corta o globo terrestre passando pelo norte do México, sul do Egito, da Índia e da China (ela aparece na maioria dos mapas). Todos esses pontos no trópico possuem uma mesma característica incomum: o Sol se posiciona diretamente acima deles apenas uma vez por ano, no dia mais longo do ano – 21 de junho, o solstício de verão (para o hemisfério norte). Aqueles que vivem ao norte do trópico de Câncer nunca veem o Sol diretamente acima de suas cabeças, e ele sempre projeta uma sombra. Aqueles que vivem no hemisfério norte, porém ao sul do trópico de Câncer, veem o Sol diretamente acima de suas cabeças duas vezes por ano, uma antes do solstício e outra depois, e o dia exato varia segundo o lugar.

A razão para isso tem a ver com a posição da Terra, cujo eixo é inclinado em relação ao Sol. Mas isso não preocupava Eratóstenes. O que importava para ele era que o Sol, quando estava diretamente acima de Siena, não estaria diretamente acima nem ao norte nem ao sul – até em Alexandria –, e um gnômon projetaria uma sombra nesses locais. O comprimento da sombra dependeria da grandeza da curvatura terrestre; se a curvatura fosse grande, a sombra em um lugar como Alexandria seria maior do que se a curvatura da Terra fosse pequena.

Graças ao seu conhecimento de geometria, Eratóstenes sabia o suficiente para criar um experimento inteligente que lhe diria o tamanho exato da curvatura e, portanto, da circunferência terrestre.

Para apreciar a beleza deste experimento não precisamos saber nada sobre o modo específico pelo qual Eratóstenes o realizou. Sorte nossa, pois não temos sequer sua descrição do que fez. Sabemos apenas do experimento por breves descrições deixadas por seus contemporâneos e sucessores, muitos dos quais evidentemente não entendiam todos os seus detalhes. Não precisamos saber nada sobre o percurso de sua investigação – o que especificamente motivara seu interesse por esse problema, quais foram seus primeiros passos, os retrocessos, se houve algum, como chegou à conclusão final, e para que outras direções essa conclusão apontava. Azar o nosso, pois isso pode dar a impressão de que a ideia lhe chegou como um raio em um céu azul, do nada, mas não é um obstáculo à nossa capacidade de entender o experimento. Também não precisamos nos engajar em saltos de lógica especulativa, seguir um raciocínio matemático complexo ou empregar argutas adivinhações empíricas baseadas em coisas como a demografia de elefantes. A beleza desse experimento está no modo como permite descobrir uma dimensão de proporções cósmicas medindo o comprimento de uma simples sombra.

Sua simplicidade e graciosidade empolgantes podem ser captadas em dois diagramas, as Figuras 1.1 e 1.2.

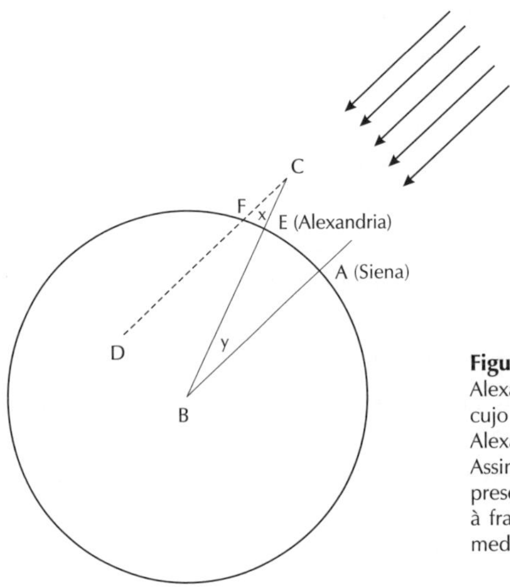

Figura 1.1. O ângulo (*x*) projetado pelas sombras em Alexandria é igual ao ângulo (*y*) criado pelos dois raios cujo vértice está ao centro da Terra e que passa por Alexandria e Siena (o desenho não está em escala). Assim, a fração que o arco de uma sombra (*EF*) representa, em Alexandria, um círculo completo é igual à fração que a distância (*AE*) de Siena a Alexandria mede na circunferência da Terra.

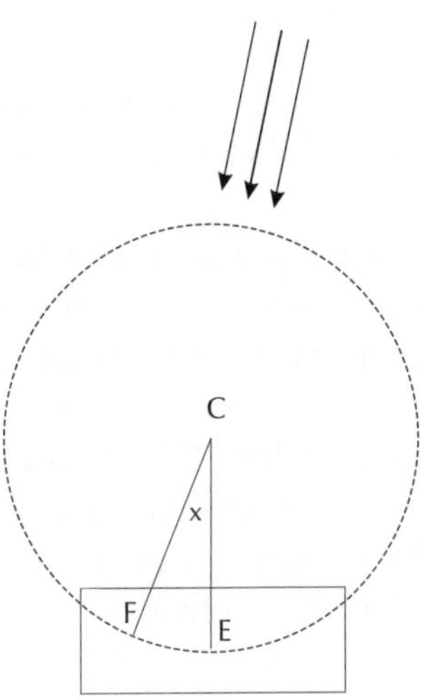

Figura 1.2. Eratóstenes obteria o mesmo resultado medindo tanto a fração do comprimento da sombra (*EF*) com relação à circunferência do círculo descrito pelo gnômon em torno do relógio de Sol, quanto a fração do ângulo da sombra (*x*) em relação ao círculo completo.

Durante o solstício, quando o Sol está diretamente acima de Siena (A), as sombras desapareciam – elas se projetavam diretamente na direção do centro da Terra (linha AB). Enquanto isso, as sombras em Alexandria (E) também se projetavam na mesma direção (CD) porque os raios de Sol são paralelos; mas, como a Terra é curva, eles caíam com um pequeno ângulo, que chamaremos de *x*. Um ângulo estreito ou uma sombra curta significaria que a curvatura da Terra era relativamente plana e que sua circunferência era grande. Um ângulo largo ou uma sombra longa significariam uma curvatura pronunciada e uma pequena circunferência. Existiria uma forma de descobrir a circunferência apenas pelo comprimento de uma sombra? A geometria proporcionou esse meio.

De acordo com Euclides, são iguais os ângulos interiores de uma linha em interseção com duas linhas paralelas. Portanto, o ângulo (*x*) projetado pelas sombras em Alexandria é igual ao ângulo (*y*) criado pelos dois raios cujo vértice está no centro da Terra e que passa por Alexandria e Siena (BC e BA). Isso significa que a razão entre o comprimento do arco de um gnômon (FE) e o círculo completo ao redor do gnômon (VER FIGURA 1.2) é a mesma que a razão entre a distância entre Siena e Alexandria (AE) e a circunferência da Terra. Quem medisse essa fração, percebeu Eratóstenes, poderia calcular a circunferência terrestre.

Embora Eratóstenes possa ter feito essa medição de várias maneiras, os historiadores da ciência têm bastante certeza de que ele a realizou usando um contador de horas, a versão grega de um relógio de Sol, pois o arco da sombra desse objeto seria perfeitamente definido. Um contador de horas, ou *skaphe*, consistia em uma tigela de bronze equipada com um gnômon, cuja sombra deslizava lentamente sobre as linhas de horas marcadas na superfície da tigela. Mas Eratóstenes empregou esse equipamento de uma nova forma. Ele não estava interessado na posição da sombra sobre as linhas de horas para medir a passagem do tempo, e sim no ângulo da sombra projetada pelo gnômon ao meio-dia no solstício de verão. Ele mediria a fração daquele ângulo em relação ao círculo completo (a prática de medir o ângulo em graus obtidos pela divisão do círculo em 360 partes iguais só se tornaria comum mais de um século depois). Ou, no que termina sendo a mesma coisa, ele pode ter medido a razão do comprimento do arco projetado pelo gnômon na tigela para a circunferência completa da tigela.

Naquele dia, às 12 horas, Eratóstenes teve a certeza de que o ângulo da sombra era 1/50 de um círculo completo (nós diríamos que tinha 2,2 graus). A distância entre Alexandria e Siena era, portanto, um quinquagésimo da distância através de todo o meridiano. Multiplicando cinco mil estádios por 50, ele chegou a 250 mil estádios como a circunferência da Terra; mais tarde, ajustou esse número para 252 mil estádios (ambas as medidas equivalem a pouco mais de 40 mil quilômetros). O motivo desse ajuste não é claro, mas provavelmente tem a ver com seu desejo de simplificar o cálculo de distâncias geográficas. Pois Eratóstenes tinha o hábito de dividir círculos em 60 partes, e uma circunferência de 252 mil estádios forma um número inteiro de 4.200 estádios para cada uma das 60 partes do círculo. Mas tanto faz usarmos 250 mil ou 252 mil estádios, e, seja qual for a medida empregada para converter estádios em unidades modernas de distância, sua estimativa estará sempre a poucos por cento do número aceito hoje, de 40 mil quilômetros.

A representação que Eratóstenes fazia do cosmo foi vital para o sucesso de seu experimento. Sem essa representação particular, a medida da sombra não daria a circunferência terrestre. Por exemplo, um antigo texto cartográfico chinês, o *Huainanzi*, ou "Livro do Mestre de Huaianan", observa que gnômons da mesma altura, mas em diferentes distâncias (ao norte ou ao sul) um do outro, projetam sombras de comprimentos diferentes no mesmo momento.[5] Partindo do princípio de que a Terra era plana, o autor atribuiu essa diferença ao fato de que o gnômon que projetava a sombra mais curva estava mais diretamente abaixo do Sol, e sugeria que essa diferença no comprimento das sombras podia ser usada para calcular a altura do céu!

As informações e medidas de Eratóstenes eram aproximações. Ele provavelmente sabia que Siena não estava precisamente no trópico de Câncer nem se situava exatamente ao sul de Alexandria. A distância entre as duas cidades não é exatamente de cinco mil estádios. E como o Sol não é um ponto de luz, mas um pequeno disco (de aproximadamente meio grau de largura), a luz de um lado do disco não atinge o gnômon no mesmo ângulo que a luz do outro lado, borrando ligeiramente a sombra.

Mas com a tecnologia que Eratóstenes tinha à sua disposição, o experimento foi bem-sucedido o bastante. Seu resultado de 252 mil estádios foi aceito, por centenas de anos, pelos gregos antigos como um valor confiável para a circunferência da Terra. No século I d.C. o autor romano Plínio aclamou Eratóstenes como uma "grande autoridade" a respeito da circunferência da Terra, reputou seu experimento como "audacioso", seu raciocínio como "sutil" e seu resultado como "universalmente aceito".[6] Cerca de um século depois de Eratóstenes, outro sábio grego tentou usar a diferença entre o ângulo do qual a estrela brilhante Canopus era visível em Alexandria e o ângulo da mesma estrela vista em Rodes (onde, dizia-se, a estrela repousava exatamente no horizonte) para medir a circunferência da Terra, mas o resultado não foi muito confiável. Mesmo um milênio depois, os astrônomos árabes foram incapazes de aprimorar o seu trabalho, embora tenham usado métodos tais como medir o horizonte visto do topo de uma montanha de altura conhecida e calcular a distância de uma estrela em relação ao horizonte de dois lugares diferentes, simultaneamente. O cálculo de Eratóstenes não foi aprimorado até os tempos modernos, quando se tornaram possíveis medidas muito mais exatas das posições dos corpos celestes.

Esse experimento transformou a geografia e a astronomia. Primeiro, permitiu a qualquer geógrafo estabelecer a distância entre dois lugares quaisquer cuja latitude seja conhecida – entre Atenas e Cartago, por exemplo, ou entre Cartago e a foz do Nilo. Permitiu a Eratóstenes descobrir o tamanho e a posição do mundo habitado conhecido. E proporcionou aos sucessores um parâmetro para tentar determinar outras dimensões cósmicas como as distâncias da Lua, do Sol e das estrelas. Em resumo, o experimento de Eratóstenes transformou a visão que os seres humanos tinham da Terra, da posição da Terra no Universo (ou pelo menos no sistema solar), e do papel da humanidade nisso tudo.

O experimento de Eratóstenes, como todo tipo de procedimento é abstrato, no sentido de que não depende de nenhum modo específico de percepção e pode ser realizado de várias formas. Seus ingredientes são simples e familiares: uma sombra, um instrumento de medida, geometria de ginásio. Não precisamos estar em Alexandria para usar o *skaphe*; nem precisamos fazê-lo durante o solstício. Centenas de escolas de todo o mundo têm o experimento de Eratóstenes em sua grade curricular. Algumas usam as sombras projetadas por relógios de Sol improvisados, outras usam mastros ou torres. Frequentemente essas réplicas são feitas em colaboração com outras escolas, via e-mail, usando uma página de geografia da Internet para determinar latitudes e longitudes e o MapQuest para determinar a distância. Réplicas do experimento de Eratóstenes não são como réplicas, digamos, da Batalha de Gettysburg feitas por entusiastas da Guerra Civil dos Estados Unidos, nas quais o objetivo é a precisão histórica ou pelo menos uma simulação interessante. Os estudantes não copiam ou simulam o experimento – eles o executam, como pela primeira vez, e o resultado fica bem visível diante de seus olhos, tão diretamente que não deixa margem a qualquer dúvida.

O experimento de Eratóstenes também ilustra com expressividade a natureza da própria experimentação. Como podem os cientistas saber algo como a circunferência da Terra sem medi-la fisicamente? Nós não somos incapazes, nem precisamos depender de métodos rudimentares como fitas métricas com dezenas de milhares de quilômetros de comprimento. Um procedimento preparado de forma inteligente, usando os objetos certos, pode induzir até mesmo coisas efêmeras e fluidas como as sombras a mostrar-nos as dimensões fixas e imutáveis do céu. O experimento mostra o modo como podemos estabelecer a forma a partir do caos, ou até mesmo de sombras, usando dispositivos de nossa própria criação.

A beleza do experimento de Eratóstenes vem de sua incrível amplitude. Alguns experimentos dão ordem ao caos pela forma como analisam, isolam e dissecam algo à nossa frente. Esse experimento dirige a nossa atenção para a direção oposta, medindo a grandeza em pequenas coisas. Ele expande a nossa percepção, oferecendo-nos novos modos de enfrentar uma pergunta aparentemente simples: "O que são as sombras, e como se formam?" Faz com que percebamos que a dimensão *dessa* sombra particular e efêmera está conectada com o fato de a Terra ser redonda, com o tamanho e a distância do Sol, com as posições constantemente mutáveis desses dois corpos, e com todas as outras sombras no planeta. A vasta distância que o Sol está de nós, a progressão cíclica do tempo e a forma arredondada da Terra adquirem uma presença quase palpável nesse experimento. Ele, então, afeta a qualidade da experiência que temos do mundo.

Experimentos nas ciências físicas tendem a ser vistos como impessoais, parecendo minimizar a importância da humanidade no Universo. Imagina-se que a ciência remova a humanidade de sua posição privilegiada – e muitos compensam essa perda imaginária ao se engajar em pensamentos mágicos, fantasiando que o Sol, os planetas e as estrelas têm uma ligação mística com seus destinos. Mas o experimento aparentemente abstrato de Eratóstenes nos humaniza de um modo mais genuíno ao dar-nos uma sensação mais realística de quem somos e de onde estamos. Enquanto quase tudo ao nosso redor celebra a grandeza, o imediatismo e a dominação, este experimento cria uma valorização do poder explicativo do pequeno, do temporal e da forma pela qual coisas de todas as dimensões estão intimamente conectadas.

Interlúdio 1

Por que a ciência é bela?

Temos de chamar o experimento de Eratóstenes de belo? Mesmo que ele satisfaça os três critérios mencionados na introdução – mesmo que ele nos mostre algo fundamental, de modo eficiente e de uma forma que nos satisfaça, e deixe-nos com perguntas não sobre o experimento, mas sobre o mundo –, podemos não concordar em chamá-lo de belo. Ouvi protestos, por exemplo, que dizem que falar da beleza dos experimentos é algo irrelevante, elitista e enganador.

Aqueles que dizem que a beleza de um experimento é irrelevante em geral querem dizer que a beleza é o reino do subjetivo, da opinião e da emoção, enquanto a ciência é o reino do objetivo, do fato e do intelecto. Alguns declaram, por exemplo, que chamar experimentos de "belos" confunde o que as artes e as ciências humanas fazem (isto é, explorar e expandir a vida e a cultura dos homens) com aquilo que as ciências fazem (isto é, descrever o mundo natural). Ou eles podem dizer que se está incorrendo no erro que o filósofo Benedetto Croce chamou de "erro intelectualista", a combinação ilegítima de arte e ideias. O pintor e crítico John Ruskin manifesta um respeito por essa divisão em seu próprio conceito de beleza: "A qualquer objeto material que nos dê prazer na simples contemplação de suas qualidades externas, sem qualquer uso direto e definitivo do intelecto, chamo em alguma forma, ou em algum grau, belo."[1] Nós não gostamos de ter de pensar para apreciar a beleza. Por experimentos científicos serem coisas do intelecto, diz essa objeção, eles não pertencem à lista das coisas belas.

Aqueles que afirmam que a beleza dos experimentos é elitista levam essa objeção ainda mais longe. A beleza, assinalam, pode apenas ser intuída e deve ser captada diretamente – imagine tentar apreciar uma pintura de Van Gogh ou um concerto de Mozart pela leitura de uma descrição dessas obras. A beleza de um experimento científico, portanto, é aparente apenas para cientistas. J. Robert Oppenheimer uma vez disse que, para alguém de fora, tentar entender o nascimento da mecânica quântica – que ele chamou de "um momento de terror e de exaltação" – seria como ouvir "relatos de soldados retornando de uma campanha de heroísmo e dificuldade sem par, ou de exploradores do alto Himalaia, ou relatos de doenças graves, ou da comunhão de um místico com seu Deus", acrescentando que "tais histórias dizem pouco do que seu narrador tem a dizer". As belezas daquele mundo – e dizem que são muitas – são acessíveis apenas a seus habitantes. Uma grande parcela da mansão da beleza, evidentemente, é fechada para quem não é cientista. Mas, para as sensibilidades democráticas modernas, isso é uma heresia e soa como elitismo.

Uma terceira e mais forte objeção é o argumento da sedução. Os cientistas podem dizer que seu trabalho é encontrar teorias que funcionem, e isto é, na melhor das hipóteses, uma distração; e, na pior, um perigo, se eles ficarem preocupados em criar belos objetos.[2] Os cientistas podem acorrentar seus intelectos e "amolecer" ao dar atenção à beleza – apenas os esteticamente brutos estão na verdade prontos para o trabalho imaginativo e repleto de insights da ciência. Os não cientistas, por outro lado, podem recear que falar da beleza na ciência seja não apenas superficial e sentimental, mas encubra um plano de relações públicas. É fácil concordar com eles. As imagens que acompanham a maioria das conversas sobre a beleza na ciência que tenho visto se originaram não no laboratório, mas em departamentos de relações públicas. Em uma palestra a que assisti, o último slide foi a famosa foto da Terra se elevando acima da superfície da Lua. Essa foto é realmente bela. Mas, embora tenha servido à máquina publicitária da Nasa por décadas, nunca foi usada pelos astrônomos como informação para pesquisa.

Essas três objeções se baseiam em noções errôneas de beleza. A primeira confunde beleza com ornamento. Estetizar a ciência – olhar para sua aparência externa – é o modo mais rápido de perder sua beleza de vista. A beleza de um experimento está em *como* seu resultado é apresentado. Como veremos, a beleza do *experimentum crucis* de Newton nada tem a ver com as cores produzidas por seus prismas (de fato, ele teve de olhar através das cores para criar o experimento): ela está em como o experimento nos revela o que acontece com a luz. A beleza do experimento que Cavendish concebeu para pesar o mundo nada tinha a ver com a aparência externa do seu instrumento monstruoso, e sim com sua austera precisão. E a beleza do experimento de Young não repousa nos padrões banais de listras brancas e pretas, mas em como elas revelam algo essencial sobre a luz.

A segunda objeção, como a primeira, falha em apreciar quanto a nossa (educada) percepção está intimamente ligada a sentimentos e emoções. Assim como não entramos ingenuamente num laboratório, tampouco entramos com ingenuidade em um museu de arte. Exercitamos uma percepção educada ao apreciar a beleza de uma pintura, música ou poesia, e também podemos *falhar* em reconhecer a beleza de coisas que requerem pouco "uso do intelecto" para ser entendidas. (Por exemplo, um dos poemas de Pablo Neruda, "Ode a minhas meias", descreve a beleza dessas peças do vestuário.) O esforço necessário para entender a beleza dos experimentos – e apreciar a beleza dos dez experimentos contidos neste livro não requer muito – não é um obstáculo. O real obstáculo é a tendência a ver tudo ao nosso redor de modo instrumental, em termos de como servem aos nossos propósitos. Nossa apreciação da beleza pode então estar simplesmente sonolenta, precisando se levantar. E, como escreveu Willa Carter, "a beleza não é tão comum que possamos nos dar ao luxo de nos recusar a recuar alguns passos para observá-la".[3]

A terceira objeção é a mais forte e mais profunda. É uma versão do velho conflito entre razão e arte, já antigo no tempo de Platão – o medo de que os seres humanos sejam mais facilmente comovidos pelas aparências do que convencidos pela lógica. Para Platão, na *República*, as artes servem à emoção, não à razão, "gratificando a parte tola da alma" e nos descaminhando.[4] Santo Agostinho foi outro que viu perigo na habilidade dos sentidos de superar a razão, e advertiu para os riscos existentes até mesmo na música religiosa, confessando que ele às vezes sentia "que o canto em si é mais emocionante do que as palavras que o acompanham". Isso, ele continua, "é um pecado grave, e nesses momentos eu preferia não ouvir o cantor".[5] Essa terceira objeção é como uma história de terror: cuidado com o poder sedutor e mágico das imagens; fique com a lógica e a razão. Dessa maneira, muitas filosofias baseadas na razão divorciam, ou mesmo opõem, verdade e beleza. "A questão da verdade", escreveu o lógico Gottlob Frege em um de seus trabalhos de maior influência, "faria com que abandonássemos o deleite estético por uma atitude de investigação científica."[6]

A resposta a essa terceira objeção nos conduz ao coração da ciência e da arte. Requer que apelemos para tradições filosóficas diferentes daquelas dominadas por modelos de lógica e matemática. Essas tradições apelam para uma visão mais fundamental da verdade como a revelação de algo, e não como sua representação exata (como Heidegger insistentemente aponta, *aletheia*, a palavra grega para verdade, significa literalmente "desocultamento"). Tais tradições abrem o caminho para que se veja a investigação científica como integralmente ligada à beleza. Beleza não é um poder mágico além e separado da descoberta da verdade, mas a acompanha: um subproduto da ciência, por assim dizer. A beleza é o talismã para se alcançar um novo patamar na realidade, libertando nossos intelectos, aprofundando nosso relacionamento com a natureza. Dessa forma, beleza não deve ser confundida com elegância, que não atinge esse novo patamar.[7] "Beleza" descreve uma sintonia ou ajuste entre um objeto que revela um novo patamar e a nossa receptividade para o que é revelado.[8]

O experimento de Eratóstenes realmente faz isso?

É de fato possível ver esse experimento de forma abstrata, como uma versão do século III a.C. de um sistema de posicionamento global, como um problema de quantificação ou um exercício intelectual. Foi assim que a maioria de nossos colegas de sala o viu quando ele nos foi ensinado no ginásio, e como nosso professor o apresentou. Mas, para vê-lo dessa maneira, temos de sufocar nossas imaginações – instigados por nosso principal desejo, que é o de conseguir a resposta certa com a ajuda de uma instrução científica convencional, e por nossa familiaridade com fotos de satélite. Na maioria das vezes ignoramos as sombras, esses fenômenos secundários da luz, ou pensamos "Que legal!", e vamos em frente. Mas o experimento de Eratóstenes nos mostra que cada sombra da Terra ensolarada é tecida com todas as outras numa totalidade que evolui continuamente. Contemplar o experimento de Eratóstenes estimula a nossa imaginação em vez de sufocá-la, tirando-nos de nossa rotina e fazendo-nos parar e nos tornar mais conscientes de onde estamos no Universo. Este experimento reacende nosso deslumbramento com o mundo.

Se formos sérios com relação à beleza, então, sim, o experimento de Eratóstenes é belo. Como outras coisas belas, ele ao mesmo tempo coloca o mundo a uma distância em que podemos apreciá-lo, e nos envolve nele mais profundamente.

2

Deixe a bola cair:
A lenda da Torre Inclinada de Pisa

Superfície da Lua, 2 de agosto de 1971.

Comandante David R. Scott: Vejam, na minha mão esquerda tenho uma pena, na direita, um martelo. Acho que um dos motivos para estarmos aqui hoje é um senhor chamado Galileu, que viveu há muito tempo e fez uma descoberta importante sobre a queda de objetos em campos gravitacionais. E então pensamos: pode haver um lugar melhor para confirmar as teorias dele que a Lua?

A câmera focaliza as mãos de Scott, uma das quais segura uma pena, e a outra um martelo, depois retrocede para abranger o cenário por trás dele, incluindo o veículo de transporte da Apolo-15, *conhecido como Falcão.*

Scott: E então pensamos em fazer a experiência aqui, para vocês. A pena é, apropriadamente, a de um falcão. Vou deixá-la cair ao mesmo tempo que o martelo e, assim espero, os dois objetos tocarão o chão juntos.

Scott: Que tal isto? O senhor Galileu estava certo![1]

De acordo com a história, o experimento na Torre Inclinada de Pisa estabeleceu de modo convincente, pela primeira vez, que objetos de pesos diferentes caem com a mesma velocidade, desmentindo assim a autoridade de Aristóteles. Essa história está ligada a um único personagem (o matemático,

Torre Inclinada de Pisa

físico e astrônomo italiano Galileu Galilei), a um único lugar (a Torre Inclinada de Pisa) e a um único episódio. Quanto de verdade existe nessa história, e que mistérios existem em torno dela?

Galileu (1564-1642) nasceu em Pisa, em uma família devotada à música. Seu pai, Vincenzio, era um conhecido músico alaudista, com uma predileção por experimentos polêmicos, e realizou pesquisas sobre entonação, intervalos musicais e afinação, defendendo o privilégio do ouvido em oposição aos antigos sábios. O filho de Vincenzio tinha a mesma determinação que o pai. Um biógrafo de Galileu, Stillman Drake, descreveu duas características de sua personalidade que foram essenciais para seu sucesso científico. A primeira era a "disposição belicosa", que o levava a não temer, e até mesmo a buscar, as disputas para "derrubar a tradição e reivindicar sua posição na ciência". A segunda era que a sua personalidade se equilibrava entre dois extremos de temperamento: por um lado, "deleitava-se com a observação das coisas, anotando as semelhanças e as relações entre elas, concebendo generalizações sem ficar excessivamente perturbado com exceções aparentes ou anomalias"; por outro, "afligia-se e preocupava-se com qualquer desvio não explicável de uma regra, e até mesmo preferia nenhuma regra a uma que não funcionasse sempre com precisão matemática". Ambas as tendências são valiosas em ciência, e todos os cientistas possuem uma mistura delas, embora em geral uma das duas predomine. Mas o temperamento de Galileu – diz Drake – equilibrava perfeitamente esses dois extremos.[2] Também foi essencial para o impacto de Galileu no mundo a capacidade literária, graças à qual era capaz de falar a todos à sua volta e persuadi-los.

Galileu entrou para a Universidade de Pisa provavelmente no outono de 1580, com a intenção de estudar medicina, mas ficou fascinado pela matemática. Chegou à posição de conferencista na universidade em 1589 e começou a investigar o movimento dos corpos em queda. Permaneceu na Universidade de Pisa por três anos; se o experimento da Torre Inclinada de fato aconteceu, deve ter sido nesse período. Em 1592 Galileu mudou-se para Pádua, cidade em que viveu por 18 anos e onde realizou a maior parte de seu importante trabalho científico, incluindo a construção de um telescópio astronômico. Esse telescópio permitiu-lhe fazer importantes descobertas; Galileu foi o primeiro a observar as luas de Júpiter, por exemplo. O instrumento também lhe proporcionou a primeira oportunidade para estabelecer controvérsias, pois suas descobertas astronômicas contradiziam o sistema ptolomaico (segundo o qual o Sol se move em torno da Terra), assim como a descrição de Aristóteles para o movimento, e confirmavam o sistema copernicano (segundo o qual a Terra se move em torno do Sol). Em Pádua, também, ele se tornou famoso por suas demonstrações elaboradas das leis físicas, dando suas aulas em um salão que acolhia 200 pessoas. Em 1610, mudou-se para Florença, para a corte do grão-duque da Toscana. Em 1616, Galileu foi advertido a não "esposar nem defender" a doutrina de Copérnico, mas 16 anos depois, em 1632, publicou um livro brilhante, *Diálogo sobre dois sistemas máximos* – o ptolomaico e o copernicano –, o qual, embora aprovado pelos censores, foi considerado uma poderosa defesa do sistema de Copérnico. No ano seguinte, 1633, Galileu foi chamado a Roma pela Igreja Católica e forçado a dizer que "abjurava e renegava" suas "opiniões equivocadas". Foi sentenciado à prisão domiciliar e passou seus últimos anos em uma aldeia chamada Arcetri, nos arredores de Florença. Pouco antes de morrer, Galileu contratou os serviços de um jovem e promissor matemático, Vincenzo Viviani, que se tornou discípulo e secretário fiel do cientista já quase cego, e que ouvia pacientemente suas recordações, ruminações e discursos. Dedicado a preservar a memória de Galileu, Viviani acabou por escrever a primeira biografia do mestre.

Devemos muitas lendas famosas sobre Galileu à biografia fervorosa de Viviani. Uma delas é a história do pêndulo de Abraão: como Galileu, em 1581, quando ainda estudava medicina, usou sua própria pulsação para cronometrar a oscilação de um candelabro pendurado no teto do batistério do Duomo de Pisa e descobriu sua isocronia. Os historiadores sabem que a história não tem uma precisão exata: o candelabro que está ali pendurado hoje foi instalado em 1587. Mas pode haver um traço de verdade nela, porque o candelabro anterior obedecia às mesmas leis físicas. A história mais famosa de Viviani descreve como Galileu subiu ao alto da Torre Inclinada de Pisa e, "diante de outros professores, filósofos e de todos os estudantes", e "por meio de experiências repetidas", mostrou que "a velocidade de corpos em movimento, da mesma composição mas de pesos diferentes, deslocando-se no mesmo meio, não é proporcional a seu peso, como Aristóteles decretara, mas, em vez disso, é a mesma velocidade".[3]

Em seus próprios livros, Galileu fornece argumentos de vários tipos, usando a lógica, por meio de experimentos, e analogias para explicar por que dois objetos de pesos desiguais cairão com a mesma velocidade no vácuo. Sem mencionar explicitamente a Torre Inclinada, Galileu relata ter "feito o teste" ao ar livre, com uma bala de canhão e uma de mosquete, verificando que, como regra geral, elas chegam ao solo quase ao mesmo tempo. Sua menção meticulosa desse pequeno desvio daquilo que considerava a generalização apropriada, bem como o fato de que Viviani não menciona o experimento – além de o relato de Viviani ser a única fonte a citar o episódio da Torre de Pisa –, torna muitos historiadores da ciência céticos quanto à sua veracidade.

Tenha Galileu realizado ou não o experimento na Torre de Pisa, muito mais estava em jogo quando se desviou da doutrina aristotélica ao analisar posteriormente o movimento. A filosofia natural de Aristóteles – que incluía sua explicação do movimento, e o que chamamos de sua física – fornece um sistema coerente e bem articulado, com base na ideia de uma Terra estacionária e central, e de um reino celeste no qual os objetos se comportam de um modo muito diferente que na Terra. Ao pôr em dúvida e desafiar o sistema aristotélico, Galileu punha em dúvida e desafiava esses dois aspectos – a concepção de Aristóteles de uma Terra estacionária, assim como sua explicação do movimento terrestre.

Uma característica central da visão aristotélica do Universo era que o céu e a Terra eram reinos distintos, feitos de diferentes tipos de substâncias e governados por leis distintas. Segundo Aristóteles, os movimentos no céu eram ordenados, precisos, regulares e matemáticos, ao passo que os movimentos aqui embaixo eram desorganizados e irregulares, podendo ser descritos apenas qualitativamente. Além disso, os movimentos dos corpos na Terra eram governados por sua tendência a buscar seu "lugar natural"; para os objetos sólidos, isso significava um lugar mais baixo, na direção do centro da Terra. Assim Aristóteles distinguia nos corpos pesados um "movimento violento", não natural e para cima, e seu "movimento natural", para baixo.

Aristóteles havia observado o movimento dos corpos em queda e percebido que suas velocidades pareciam variar em meios diferentes, dependendo de serem esses meios "mais ralos", como o ar, ou "mais espessos", como a água. Ele notou que os corpos alcançavam uma determinada velocidade quando em queda, e que essa velocidade era proporcional a seu peso. Essas ideias estão de acordo com a nossa experiência cotidiana. Se jogarmos uma bola de golfe e uma bola de pingue-pongue de uma janela, a bola de golfe cairá mais depressa e atingirá o solo primeiro. Se jogarmos a bola de golfe numa piscina, ela chegará ao fundo mais devagar que no ar, e perderá para uma bola de ferro. Da mesma forma, martelos caem mais depressa que penas. Aristóteles codificou isso num modelo – o que os filósofos da ciência mais tarde chamariam de "paradigma" – orientado pelos fenômenos cotidianos que ele procurava explicar. Por exemplo, um agente (como um cavalo) enfrenta obstáculos (atrito e outros tipos de resistência) ao manter uma carroça em movimento. Nessas situações familiares, o movimento quase sempre representa um equilíbrio entre força e resistência. Aristóteles, portanto, aborda o caso dos corpos em queda como um tipo em que uma força (uma tendência natural, como ele diz, para mover-se em direção ao centro do Universo) era equilibrada por uma resistência (a espessura ou a rarefação – nós chamaríamos de "viscosidade" – do meio no qual eles se movem; ele também concluiu que, na ausência de resistência nos meios, a velocidade dos corpos em queda seria infinita).

Em termos modernos, a abordagem de Aristóteles peca por não incorporar adequadamente a aceleração. Os estudiosos começaram a suspeitar de algo assim muito antes de Galileu. Já no começo do século VI a.C. o sábio bizantino Filoponus escreveu sobre experimentos que contradiziam Aristóteles: "Porque, se deixarmos cair da mesma altura dois pesos, dos quais um é muitas vezes mais pesado do que o outro, veremos que a razão entre os tempos necessários para o movimento não depende da razão entre os pesos, mas que a diferença de tempo é muito pequena." De fato, Filoponus prossegue, se um corpo pesar só duas vezes mais que o outro, "não haverá diferença, ou haverá apenas uma diferença imperceptível, de tempo".[4]

Em 1586, antes de Galileu ir para Pádua, seu contemporâneo, o engenheiro flamengo Simon Stevin, escreveu sobre experimentos que mostravam que a descrição de Aristóteles estava errada. Stevin fez duas bolas de ferro caírem, sendo uma dez vezes mais pesada que a outra, de uma altura de nove metros, sobre uma tábua, para que, ao aterrissar, elas produzissem um som audível. "Veremos então", ele escreveu, "que a mais leve não demorará dez vezes mais em seu trajeto do que a mais pesada, mas que elas cairão no mesmo tempo no tablado, e tão simultaneamente que seus dois sons parecerão um só, no mesmo tom."[5] Em suma, Aristóteles estava errado nesse ponto.

Durante a vida de Galileu, vários sábios italianos do século XVI também escreveram sobre experimentos envolvendo a queda dos corpos que contradiziam Aristóteles, entre eles um professor chamado Girolamo Borro, que foi professor em Pisa quando Galileu lá estudava. Borro descreveu como havia repetidamente atirado (o verbo que ele usa é ambíguo) objetos de pesos iguais, mas de tamanhos e densidades diferentes, e constatado, a cada uma das vezes, um resultado curioso: os objetos de maior densidade caíam mais lentamente que os outros.[6]

Como acontece com o trabalho de um grande cientista cujos interesses são muito amplos, sabia-se que a pesquisa de Aristóteles era pontuada de erros e lacunas. Mas até Galileu aparecer, a maioria dos pensadores europeus não encarava esses pequenos defeitos como importantes. A grande conquista de Galileu foi demonstrar que a descrição do movimento feita por Aristóteles relacionava-se inextricavelmente à totalidade de um modelo científico que envolvia muito mais que os corpos em queda, e que uma descrição do movimento que explicasse adequadamente a queda dos corpos devia incorporar o fenômeno da aceleração, o que exigia a construção de um modelo totalmente novo. Aristóteles sabia que os corpos ganhavam velocidade (aceleravam-se) quando caíam, mas pensava que isso não era essencial na queda livre, constituindo apenas um aspecto acidental e sem importância do movimento, que ocorria entre o momento em que um corpo se soltava e o momento em que ele adquiria sua velocidade uniforme natural. Galileu, de início, compartilhava essa opinião. Contudo, acabou percebendo não só a importância da aceleração, como também que ela não podia ser simplesmente "acrescentada" ao sistema de Aristóteles. Se Aristóteles estava errado a respeito da queda dos corpos, seu trabalho não podia ser remendado, mas precisava ser completamente recriado.

Entretanto, Galileu não percebeu isso imediatamente, e partiu da suposição então considerada normal de que Aristóteles estava certo. E não houve uma prova única e decisiva que o fez mudar de opinião. Ao contrário, ele chegou à sua trajetória revolucionária por meio da soma de suas pesquisas – as pesquisas astronômicas, bem como as mais terrenas, que diziam respeito a pêndulos e corpos em queda.

Em sua primeira discussão sobre o comportamento dos corpos em queda, um manuscrito não publicado intitulado *Sobre o movimento* (escrito enquanto estava na Universidade de Pisa), Galileu adotava a concepção de Aristóteles de que os corpos caem com uma velocidade uniforme de acordo com suas densidades – uma das "regras gerais que governam a razão das velocidades do movimento [natural] dos corpos", nas suas palavras. Uma bola feita de ouro deveria cair três vezes mais depressa que uma de prata de igual tamanho, porque a primeira tem quase duas vezes a densidade da segunda. Galileu, evidentemente, resolveu verificar se isso realmente acontecia – mas, para sua surpresa e desapontamento, ficou frustrado porque o experimento não funcionou: "Se pegarmos dois corpos diferentes", ele relata, "cujas propriedades sejam tais que o primeiro deva cair duas vezes mais depressa que o segundo, e se os deixarmos cair de uma torre, o primeiro não atingirá o solo visivelmente mais depressa, ou duas vezes mais depressa."[7] Diante disso, os historiadores da ciência concluíram que Galileu, bem cedo em sua carreira, empenhava-se em testar a teoria por meio da observação. Mas no mesmo livro Galileu também fazia a estranha asserção de que o corpo mais leve de início move-se com vantagem sobre o corpo mais pesado, embora este acabe alcançando-o. Isso levou alguns críticos a duvidar da sinceridade de Galileu ou de sua habilidade como experimentador.

Poucos anos depois, Galileu mudou de opinião a respeito da queda dos corpos e abandonou completamente o modelo aristotélico. O processo de investigação que o levou a essa postura foi complexo e envolveu muitas formas de comprovação e reflexão, não apenas os movimentos terrestres. Grande parte disso foi reconstruída pelos estudiosos de sua obra por meio de uma trabalhosa análise, página por página, de seus cadernos de anotações. Em seus livros, *Diálogo sobre os sistemas máximos* (1632) e *Discursos e demonstrações matemáticas sobre duas novas ciências* (1638), Galileu apresenta uma série de explicações sobre o comportamento dos corpos em queda. Estranhamente, para nossos olhos, cada uma consiste em uma conversa que se estende por vários dias entre três homens: Salviati, um substituto de Galileu; Simplício, que expressa a posição aristotélica e provavelmente a posição anterior de Galileu (e, como o nome indica, alguém um pouco simplório); e Sagredo, um homem culto, de bom senso. Esse formato literário garante a Galileu muita liberdade para discutir política e teologicamente questões delicadas, sobretudo o sistema copernicano, sem parecer comprometer-se. Se Salviati apresentava uma argumentação "irreverente", Galileu podia objetar que ele era apenas um personagem fictício, cujas opiniões não eram necessariamente endossadas pelo autor. O formato também lhe permitia explorar diferentes maneiras de expor suas próprias argumentações. As justificativas de Salviati não englobavam necessariamente as reflexões de Galileu, mas recapitulavam suas conclusões.

Em ambos os livros, Salviati e Sagredo discutem vários experimentos que dizem ter realizado com corpos de diferentes pesos e composições. Durante a discussão do primeiro dia em *Discursos e demonstrações matemáticas sobre duas novas ciências*, Salviati refuta a aparente afirmação de Aristóteles de que testou que os objetos pesados caem mais depressa que os leves. Sagredo diz então:

> Mas eu, ... que fiz o teste, garanto-lhe que uma bala de canhão que pesa 45kg (ou 90kg, ou até mais) não antecipa a chegada ao solo, nem por um segundo, de uma bala de mosquete que não tem mais de 15g, vindo ambas de uma altura de 20 *braccia* [um *braccio* tem cerca de 0,6m] ... a maior antecipa a menor por 5cm; ou seja, quando a maior atinge o solo, a outra está 5cm atrás dela.

Salviati acrescenta: "Parece-me que podemos acreditar, com grande probabilidade de acerto, que no vácuo todas as velocidades são absolutamente iguais." Mais adiante, no quarto dia, ele observa:

> A experiência nos mostra que duas bolas de igual tamanho, uma das quais pesa 10 ou 12 vezes mais que a outra (por exemplo, uma de chumbo e outra de madeira), ambas descendo de uma altura de 150 ou 200 *braccia*, chegam ao chão com uma diferença mínima de velocidade. Isso nos assegura que [o papel do] ar em dificultar ou retardar as duas é pequeno.[8]

Salviati pode ser fictício, mas faz claramente um relato do próprio trabalho de Galileu. Ele afirma ter realizado um experimento que, conforme a maioria dos historiadores acredita, mostra que Galileu de fato experimentou objetos de diferentes pesos para investigar e desafiar a descrição do movimento de Aristóteles. Parece que fez essas experiências do alto de torres – talvez mesmo da Torre Inclinada – e para desconforto de seus colegas aristotélicos, que reconheciam por outras argumentações de Galileu que ali havia motivos de inquietação não só para a teoria de Aristóteles sobre o movimento terrestre, mas para todo o restante de seu sistema também. É verdade que alguns de seus predecessores também haviam demonstrado falhas na argumentação de Aristóteles sobre o movimento, mas Galileu fez muito mais que eles, ao mostrar como essa parte do sistema aristotélico era crucial, desenvolver uma explicação alternativa para o movimento e ilustrar sua importância. Tenha ou não lançado bolas do alto da Torre Inclinada, Galileu foi a principal figura no desenvolvimento de uma alternativa para a teoria aristotélica da queda dos corpos.

Viviani ilustrou bem o seu mestre. "*Se non è vero*", como dizem os italianos, "*è bene trovato*" ("Se não é verdade, poderia muito bem ser"), e estamos justificados em atribuir a Galileu o experimento da Torre Inclinada.

Mas como e por que esse experimento se tornou tão intimamente entranhado no folclore como um importante momento na transição para a ciência moderna?

Uma das razões está na força da descrição feita por Viviani, a qual, embora breve, representa uma cena cativante. Embora Viviani em geral seja cuidadoso e preciso, ele também escrevia para um público especial – acadêmicos literatos, figuras do clero e da política, e outros personagens proeminentes não cientistas –, que não se importava tanto com detalhes matemáticos e técnicos, mas que daria atenção a uma história emocionante. "É possível que Viviani", escreveu o historiador da ciência Michael Segre, "nunca tenha imaginado que alguns de seus leitores, no futuro, seriam incrédulos historiadores da ciência."[9]

Uma segunda razão é a tendência da literatura popular, ou mesmo da literatura histórica, de tomar um único episódio para resumir e exemplificar uma série complexa de acontecimentos importantes. No caso da mudança do modelo aristotélico para o moderno, a Torre Inclinada cumpre essa função admiravelmente, embora tenha o efeito desastroso de obliterar o contexto e dar a entender que o experimento foi a origem da compreensão de Galileu sobre o movimento, e que as considerações sobre o movimento foram o principal motivo do choque entre os dois modelos.

Uma razão está no nosso amor pelas histórias de Davi e Golias (pelo menos aquelas em que Davi é um dos nossos), nas quais alguma autoridade reinante fica exposta como ilegítima, é humilhada e banida por meio de um ardil esperto. Tais histórias parecem exaltar a nossa própria sabedoria.

Os experimentos, como outros tipos de performances, têm uma criação, ou história de nascimento, que culmina na primeira performance, e uma história de maturação que começa apenas nessa ocasião e cobre tudo o que acontece depois – uma biografia, por assim dizer. Como a medição da circunferência da Terra por Eratóstenes, a experimentação feita por Galileu sobre o movimento dos corpos em queda livre era ao mesmo tempo algo que ele fez numa determinada ocasião e num determinado lugar, e um exemplo para algo que poderia ser refeito de diferentes maneiras com diversos objetos, tecnologias e graus de precisão. Ao longo do tempo, o experimento de Galileu com corpos em queda criou um gênero de experiências e demonstrações – descendentes diretas da Torre Inclinada.

Por exemplo, a invenção, cerca de 12 anos após a morte de Galileu, da bomba de ar – que remove o ar de uma câmara tornando possível criar um vácuo (imperfeito) –, permitiu aos cientistas, entre os quais o inglês Robert Boyle e o holandês Willem Gravesande, testar a afirmação de Galileu de que corpos de pesos desiguais caem simultaneamente no vácuo.

Demonstrações da queda dos corpos no vácuo menos exatas do ponto de vista científico continuaram populares mesmo no século XVIII, quando a nova física pioneira de Galileu já havia substituído a de Aristóteles. O rei George III da Inglaterra, por exemplo, insistiu para que seus fabricantes de instrumentos encenassem uma demonstração com uma pena e uma moeda de um guinéu juntas, dentro de um tubo a vácuo. Um observador escreveu:

> O sr. Miller ... costumava dizer que desejava explicar o experimento da bomba de ar com o guinéu e a pena para George III. Ao apresentar o experimento, o jovem óptico forneceu a pena, o rei deu a moeda e, ao concluí-la, o monarca cumprimentou o jovem por sua perícia como experimentador, mas frugalmente devolveu a moeda ao seu próprio bolso.[10]

Ainda no século XX, alguns cientistas continuaram a fazer experiências com corpos em queda livre, medindo o tempo exato da queda a fim de testar equações para aceleração de corpos em um meio resistente. Uma dessas experiências foi realizada em tempos recentes, na década de 1960, na torre meteorológica do Laboratório Nacional de Brookhaven, em Long Island, Estados Unidos, pelo físico teórico Gerald Feinberg. "A principal razão para levantar essa questão, há tanto tempo estabelecida", escreveu Feinberg, "é que os resultados da teoria são bem contrários à intuição, pelo menos à intuição de quem se criou sob a lei de Galileu." Equações em uso há centenas de anos ainda precisavam de correções.[11] O experimento da Torre Inclinada, evidentemente, ainda pode nos surpreender.

O experimento da Torre Inclinada trata de uma coisa fundamental: como se comportam os objetos – desde balas de canhão até penas – sob a influência de uma força que afeta a todos nós. Seu projeto é simples como a respiração, sem fatores misteriosos – não se precisa ter sequer um relógio. E é definitivo, deixando-nos um tipo especial de prazer que poderíamos chamar de "surpresa esperada". Ao mesmo tempo que compreendemos a verdade do modelo galileano, o modelo aristotélico é aquele em que vivemos. Se vivêssemos na Lua, onde não há a resistência do ar, o comportamento dos corpos em queda no vácuo nos seria familiar, e o experimento não exerceria esse poder de descoberta. Porém, a nossa experiência cotidiana nos leva a esperar que os corpos se comportem da maneira aristotélica, e nos recompensa quando fazemos nossos planos de acordo com ela. Quando apanhamos objetos pesados, eles puxam nossas mãos mais do que os leves, fazendo-nos sentir que cairiam mais depressa, como se desejassem retornar para o lugar a que pertencem. Por essa razão, ainda podemos nos deslumbrar com a visão da violação daquela teoria, uma experiência que reforça aquilo que já sabemos intelectualmente. O prazer envolvido faz lembrar o jogo *fort-da* descrito por Freud, no qual a criança faz um pequeno objeto desaparecer e em seguida o faz retornar ao alcance da vista novamente: algo, no retorno do objeto, produz a infinita alegria da criança, embora ela "soubesse" que ele estava ali o tempo todo.

Até recentemente, alguns mistérios cercavam o experimento de Galileu com corpos em queda. Um deles diz respeito à sua observação, em *Sobre o movimento*, de que um corpo menos denso, quando atirado primeiro, move-se na frente de um corpo mais denso, que acaba por alcançá-lo. Na década de 1980, o historiador da ciência Thomas Settle reproduziu o experimento de Galileu com a ajuda de um psicólogo experimental e, para seu espanto, observou a mesma coisa. Pesquisas posteriores convenceram Settle de que o objeto mais pesado faz a mão que o segura sentir-se mais cansada, o que leva o experimentador a soltá-lo mais devagar, mesmo quando pensa que está soltando os objetos simultaneamente.[12]

Outro mistério recentemente esclarecido envolve a validade do relato de Viviani, e por que, se o experimento de fato ocorreu na Torre Inclinada, Galileu nunca mencionou isso em suas próprias obras. Na década de 1970, Stillman Drake, especialista em Galileu, examinou cuidadosamente a correspondência do físico dos anos 1641-42. Galileu, cego e sob prisão domiciliar, fazia Viviani ler sua correspondência e escrever as respostas. No início de 1641, Galileu recebeu várias cartas de seu velho amigo e colaborador Vincenzio Renieri, que acabava de se tornar professor de matemática na Universidade de Pisa, ocupando a cátedra que pertencera ao próprio Galileu. Em uma das cartas, Renieri referiu-se à realização de um experimento no qual fazia duas bolas caírem, uma de madeira e outra de chumbo, "do alto do campanário da catedral" – isto é, da famosa Torre de Pisa. Não há resposta de Galileu, mas a carta seguinte de Renieri deixa claro que Galileu indicou a ele os seus próprios experimentos com a queda dos corpos em *Discursos e demonstrações matemáticas sobre duas novas ciências*, e pediu a Renieri que repetisse o experimento com corpos de pesos diferentes, mas do mesmo material, para verificar se o tipo de material afetaria os resultados (não afetou). A carta de Renieri, além disso, parece ter estimulado a memória de Galileu a respeito de seu próprio experimento em Pisa, que envolvia a queda de corpos do mesmo material e que ele descrevera para Renieri ou, pelo menos, para Viviani. Isso, se aconteceu, explicaria por que Viviani estava tão a par de uma história que Galileu há muito esquecera, e por que Viviani, em seu relato, deixa bem claro que Galileu usou bolas de material idêntico. As histórias de Viviani contêm imprecisões, de fato, porém, em geral, trata-se de erros de menor importância: de cronologia, ênfase ou condensação. E por que deveria ter Galileu mencionado a Torre Inclinada em seus escritos? Ele mencionou "lugares altos", e o fato de que um desses lugares tenha sido a Torre de Pisa é apenas um aspecto acidental do experimento, sem qualquer influência sobre a validade dos resultados. Depois de muito pensar, Drake concluiu que, em sua carta a Renieri, Galileu provavelmente descreveu um experimento sobre a queda dos corpos realizado por ele na Torre de Pisa – que teria sido a fonte da história de Viviani.[13]

O conhecido historiador da ciência I. Bernard Cohen cansou-se de responder "Não sei" a perguntas como "Alguém já lançou duas bolas de pesos diferentes da Torre de Pisa?", ou "O que aconteceria se alguém fizesse isso?". Em uma reunião do Congresso Internacional de História das Ciências, em 1956, realizado em várias cidades da Itália, incluindo Pisa, ele fez uma visita à Torre de Pisa, pediu a alguns colegas e alunos de graduação para afastar quem passava por um local na base e subiu os degraus de mármore gastos e escorregadios. Ao chegar ao topo, estendeu os braços, com alguma dificuldade, sobre a borda do canto sul, e deixou cair duas bolas de pesos diferentes. Elas tocaram o chão quase ao mesmo tempo, diante de espectadores surpresos, certamente não por estarem vendo algo inesperado, mas pelo menos em parte porque sabiam que estavam vendo algo de significado histórico: o famoso experimento da Torre Inclinada de Galileu, quem sabe encenado de fato pela primeira vez.

Interlúdio 2

Experimentos e demonstrações

Michelle recria o experimento de Galileu na Torre de Pisa

Esse é o título de uma escultura em tamanho natural que pode ser vista no Museu de Ciência de Boston. Michelle é uma afro-americana pré-adolescente vestida em um macacão. Ela empilhou duas gavetas em cima de sua escrivaninha, escalou até o topo, e agora segura uma bola vermelha de *softball* na mão esquerda e uma bola amarela de golfe na direita. Está preparada para deixá-las cair no momento em que sua mãe entra e olha com desaprovação. A mãe de Michelle está pensando, de acordo com o cartaz pendurado sobre a sua cabeça, "O que é isto?". Michelle, por sua vez, pensa: "Qual delas será que vai bater no chão primeiro?"

Uma legenda diz:

> Como se movem os corpos em queda? Será que a bola de *softball* vai chegar ao chão antes da bola de golfe? Michelle, como Galileu 400 anos antes dela, quer ver com seus próprios olhos... "Eu mesma vou descobrir." É isso que você diz quando não quer apenas acreditar no que os outros dizem.

Essa escultura mostra a simplicidade do experimento de Galileu na Torre Inclinada de Pisa, expressa como ela se tornou legendária, exibe um pouco das simplificações da lenda e ilustra parte das diferenças entre experimentos e demonstrações.

Michelle está fazendo um experimento, o que é o tipo de procedimento que revela algo pela primeira vez. Encenamos procedimentos quando se torna importante para nós esclarecer alguma questão, se ela não pode ser explicada com novas leituras sobre o assunto, e, assim, para prosseguir em nossa pesquisa, temos de planejar, executar, observar e interpretar uma ação. Num experimento, não sabemos como as coisas vão se comportar no final. Essa incerteza nos faz observar o procedimento com muito cuidado. Quando o experimento mostra como elas se comportam, não é a mesma coisa que aprender a resposta para uma questão de múltipla escolha, porque nós passamos por uma transformação, mesmo quando ficamos incertos quanto ao nosso próximo passo. Esta é uma das diferenças que Hardy assinalou entre o xadrez e a matemática: jogar um jogo de xadrez não muda as regras, mas uma comprovação matemática – ou um experimento científico – muda a ciência, porque, com ela, alguma coisa nova é inserida. Exatamente porque isso acontece é que a nossa pesquisa não termina, mas se modifica e aprofunda.

Por acaso, Michelle se interessou pela queda dos corpos. O porquê, não sabemos e é difícil imaginar; provavelmente alguma coisa que ela leu sobre Galileu a intrigou. Ela leva as coisas a sério o bastante para executar uma pequena ação, envolvendo ingredientes bem conhecidos, a serviço de sua pesquisa. Também pressentimos que, seja o que for que ela descobrir, não será o fim da pesquisa, e que ela terá outras indagações.

Um experimento recapitulado se torna uma demonstração. Enquanto um experimento é um procedimento no qual autores e público são as mesmas pessoas – ele se destina a desvendar algo para aqueles que o empreendem e para a sua comunidade –, uma demonstração é uma performance-padrão cujos autores e público são diferentes. Se Galileu de fato deixou cair bolas de diferentes pesos do alto da Torre de Pisa, isso foi uma demonstração – seu propósito seria menos o de revelar coisas para si próprio, e sim o de convencer os outros. Um experimento que hoje constitui um marco amanhã será uma demonstração. Uma demonstração é uma recapitulação com um propósito, e, dependendo desse propósito (estimular uma turma de alunos, convencer colegas, impressionar repórteres), a demonstração será encenada diferentemente. A fronteira entre experimentos e demonstrações nem sempre é nítida, porque, ao preparar e calibrar um novo experimento, com frequência já se tem conhecimento do que será revelado antes que o experimento comece "oficialmente" – e o experimentador inteligente capitaliza esse conhecimento para aprimorar a experimentação. Por sua vez, as demonstrações nem sempre se desenrolam como foram planejadas: por exemplo, quando sofrem a interferência de forças terrestres, bem conhecidas, ou de algo novo e imprevisto, que o experimentador não sabe o que é.

Quando vamos a um museu científico, encontramos demonstrações. No Museu de Ciência de Boston, a demonstração da queda dos corpos, a "DROP STOP", tem dois cilindros de plexiglas um ao lado do outro. Dentro dos cilindros há duas garras mecânicas que podem segurar objetos de pesos diferentes que estão inseridos no fundo dos cilindros e levá-los até a parte de cima, para então soltá-los ao mesmo tempo. Os trajetos desses objetos são acompanhados eletronicamente do princípio ao fim. As crianças costumam catar no chão do museu objetos para serem inseridos nos cilindros, o que encanta os curadores da exposição, mas incomoda o pessoal da limpeza. O museu Exploratorium, de São Francisco, exibe uma demonstração diferente, que consiste em um cilindro independente de plexiglas de 1,20m montado sobre um eixo, que pode ser girado para ficar de cabeça para baixo. Dois objetos são inseridos no cilindro – uma pena e um brinquedo qualquer, como uma galinha de borracha –, e em seguida ele é ligado a uma câmera de vácuo que o visitante do museu pode ligar e desligar. Os dois objetos são recolhidos por uma pequena gaveta quando o cilindro é girado, e caem dela quando o cilindro fica totalmente de cabeça para baixo. Ao deixarmos o ar entrar no cilindro, a pena se atrasa na queda e leva vários segundos flutuando até embaixo; mas quando retiramos o ar, os dois objetos caem quase ao mesmo tempo. A demonstração é tão popular que o visitante invariavelmente tem de se acotovelar no meio de uma multidão de crianças para brincar com o cilindro.

As demonstrações tendem a camuflar a dificuldade inerente à concepção, à realização e à compreensão dos experimentos, criando entre o público e o fenômeno uma distância não presente nos experimentos. Elas também podem simplificar demais o processo experimental por meio do uso de equipamentos modernos, construídos com a resposta "correta" em vista, mesmo quando equipados com resultados imperfeitos para promover a verossimilhança.

Demonstrações, instruções, relatórios em livros e simulações podem até fornecer uma noção errônea da ciência ao encorajar a ideia de que um experimento científico é apenas uma ilustração de uma lição já formulada – o que o reduz a uma obra-prima de "crucipixel", "pinte com os números" –, em vez de o apresentar como um *processo*. Por essa razão, eles podem até mesmo amesquinhar a beleza da ciência. Embora um experimento científico possa apontar um fato simples, escreveu o historiador da ciência Frederic Holmes, ele foi extraído de uma "matriz de complexidade" e inevitavelmente introduz novas dimensões de complexidade.[1] Isso aconteceu também com o experimento da Torre de Pisa: os cientistas demoraram muito tempo para avaliar a importância dos experimentos sobre os corpos em queda, e, em vez de tornar a ciência mais simples, eles a complicaram mais.

A queda lunar da pena da *Apolo-15* foi, é claro, uma demonstração. Como experimento, teria sido indesculpavelmente desleixado (exceto nos tipos de exploração mais rudimentares). Ninguém mediu a altura da qual os objetos foram lançados. Ninguém se preocupou em verificar se os braços de Scott estavam paralelos ao chão. Nada foi feito para garantir que ele deixasse os objetos caírem simultaneamente. Nenhuma medição do tempo da queda foi feita. Como insinuou o comandante Scott ("Acho que um dos motivos de estarmos aqui hoje foi um senhor chamado Galileu..."), os cientistas já conheciam a força da gravidade lunar e o comportamento de objetos sob efeito da aceleração. Se tivessem a mínima dúvida sobre uma dessas coisas, teria sido insensato, antes de tudo, enviar uma aeronave tripulada à Lua.

Mesmo como demonstração, a queda lunar da pena na *Apolo-15* quase foi um desastre. Num ensaio, momentos antes de aparecer na televisão, o comandante Scott descobriu, para seu horror, que a energia estática fazia a pena aderir à sua luva – mas a demonstração funcionou milagrosamente quando a câmera a focalizou. Por sorte, graças à locação exótica, à cobertura pela TV e ao videoclipe que a Nasa colocou em sua página na Internet, o experimento da *Apolo-15* acabou sendo, e certamente ainda é, a demonstração científica mais vista na história.

3

O experimento alfa
Galileu e o plano inclinado

Os professores de ciência o chamam de experimento "alfa" – ou primal. Com frequência, é o primeiro experimento que os alunos aprendem nas aulas de física. Sob muitos aspectos, foi o primeiro experimento científico moderno, no qual um pesquisador planejou sistematicamente, encenou e observou uma série de ações a fim de descobrir uma lei matemática.

Esse experimento – que Galileu realizou com sucesso em 1604 – introduziu o conceito de aceleração: a taxa de mudança de velocidade em relação ao tempo. Se o experimento da Torre de Pisa foi uma demonstração que emergiu dos estudos de Galileu sobre a queda livre, indicando que corpos de pesos diferentes caem juntos quando encontram uma resistência desprezível, o experimento do plano inclinado foi uma demonstração que emergiu dos estudos de Galileu sobre a queda livre para ilustrar a lei matemática nele envolvida. Algum mistério também cercou esse experimento, já que as afirmações que Galileu proferiu sobre o experimento parecem precisas demais, diante do equipamento que tinha à sua disposição. Mas, assim como no caso do experimento da Torre de Pisa, pesquisas históricas recentes revelaram surpresas que modificaram a imagem que tínhamos de Galileu como experimentador.

O que acontece quando um objeto é solto para cair livremente? Ele adquire velocidade de um modo gradual? Pula imediatamente para uma velocidade "natural" uniforme? Ou faz alguma transição para uma velocidade uniforme? Se essas questões nos interessam, poderíamos pensar em olhar e ver o que acontece quando, por exemplo, deixamos cair uma moeda ou uma bola

Plano inclinado com sinos, usado no final do século XVIII para demonstração em aula, hoje no Museu de História da Ciência de Florença, na Itália. O pêndulo na extremidade maior foi concebido para acionar um sininho ao término de cada deslocamento, marcando intervalos de tempo iguais; um conjunto de sinos móveis podia ser arrumado ao longo do plano, de modo que uma bola rolando também provocava um sinal ao passar por eles. O demonstrador podia, por acerto e erro, dispor os sinos móveis de maneira que uma bola descendo pelo plano os tocasse, em sincronia com os sons produzidos pelo pêndulo. Medindo a distância desde o começo da queda e entre as posições dos sinos ao longo do plano, o demonstrador (e o público) descobria que as distâncias do percurso em intervalos sucessivos e iguais de tempo progrediam de acordo com a seqüência de números ímpares a partir de 1, ou seja, que as distâncias eram proporcionais aos quadrados dos tempos totais. Embora isso ilustre a lei de Galileu, não há prova de que ele tenha construído essa versão do experimento do plano inclinado.

de nossas mãos. Mas esses corpos caem depressa demais para que possamos acompanhar sua queda. Como conseguir coisas que nos deixem ver isso com maior precisão?

Aristóteles, como observamos no capítulo precedente, examinou corpos em movimento e concluiu, evidentemente pelo modo como os objetos caem na água, que a velocidade de um corpo que cai é uniforme, proporcional a seu peso, e seria infinita na ausência de um meio que ofereça resistência.

Galileu, entretanto, acabou se convencendo de que o estudo do movimento dos corpos em líquidos obscurecia mais do que esclarecia a questão. Como Aristóteles, ele achou difícil medir diretamente o trajeto dos corpos em queda, porque o olho não é rápido o bastante para isso, e os relógios então existentes não eram suficientemente acurados quando os intervalos de tempo eram curtos. Em vez de retardar a queda dos corpos tornando mais espesso o meio que eles atravessavam, Galileu procurou diluir, de certa forma, a influência da gravidade sobre o movimento das bolas, fazendo-as rolar sobre planos inclinados. Seu raciocínio foi que, assim, criaria uma aproximação da queda livre dos corpos. Se a inclinação do plano fosse pequena, a bola desceria lentamente; rolando por uma inclinação mais pronunciada, a bola deslizaria mais depressa. Quanto mais acentuada fosse a inclinação, mais o trajeto da bola se aproximaria da queda livre. Medindo a taxa com a qual os objetos rolavam por um plano inclinado, e como essa taxa mudava à medida que a inclinação aumentava, Galileu esperava resolver o caso dos corpos em queda livre (Figura 3.1).

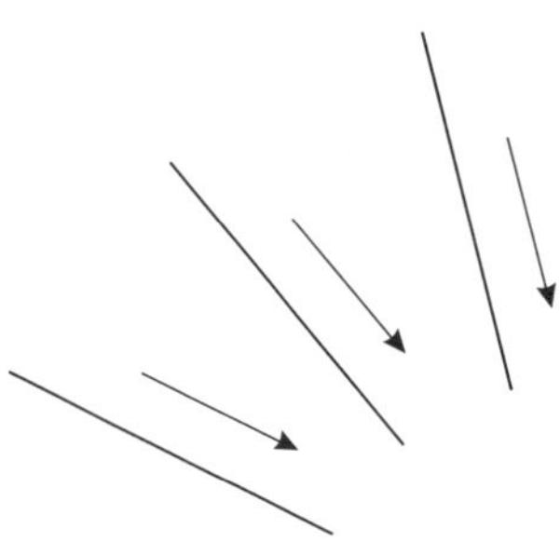

Figura 3.1. Quanto maior for a inclinação do plano, mais o movimento de uma bola se aproximará da queda livre.

Por volta de 1602, Galileu havia construído planos inclinados nos quais fez sulcos e tentou medir a rapidez com que as bolas rolavam neles. Mas não conseguiu obter resultados aproveitáveis. Tentou experimentar com pêndulos, e aprendeu muito com eles, porque o movimento no arco de um círculo vertical tem relação com o movimento sobre um plano inclinado. Mas foi incapaz de chegar aos resultados que desejava. Começou então a observar o papel da aceleração – que um corpo começa a cair devagar e vai ganhando velocidade –, e ficou cada vez mais determinado a encontrar uma descrição matemática para ela.

Os cadernos de anotações e a correspondência de Galileu mostram que, por volta de 1604, ele tinha finalmente descoberto a lei da aceleração que buscava, como resultado de sua investigação do movimento em planos inclinados. A distância percorrida por um objeto depende do quadrado do tempo em que ele se acelera. Se o tempo aumenta em unidades regulares (1, 2, 3...), a distância percorrida pelo objeto entre cada batida sucessiva aumenta de acordo com a progressão dos números ímpares (1, 3, 5...). Isso hoje é conhecido como a lei de Galileu, $S \propto T^2$, a distância que um corpo uniformemente acelerado percorre de seu ponto de partida é proporcional ao quadrado do intervalo de tempo decorrido desde o momento em que ele é solto (a equação moderna é $d = ½ at^2$, ou seja, a distância percorrida por um objeto é igual à metade da aceleração multiplicada pelo tempo decorrido ao quadrado). Galileu também descobriu que a mesma lei que explicava a aceleração dos corpos deslizando por um plano inclinado não se aplicava apenas aos corpos em queda livre, mas também a qualquer corpo sob efeito da aceleração – seja movendo-se para cima ou para baixo. (Galileu não percebeu que o movimento de uma bola rolando é ligeiramente diferente do de um corpo que desliza. Embora ambos se acelerem uniformemente, de acordo com a sua lei, a constante de aceleração é diferente, e eles se aceleram com uma taxa diferente, porque uma parte da energia do corpo rolando vai para a quantidade de movimento angular.)

Foi uma descoberta importantíssima. Em primeiro lugar, o que Galileu fez envolvia uma mudança naquilo que os cientistas buscavam ao estudar o movimento. Até então, media-se a velocidade em termos de espaço – quanto de terreno era coberto. Galileu foi o primeiro a compreender que o *tempo*, e não o espaço, era a variável independente que devia ser procurada. Estamos tão habituados a fazer isso que parece o modo natural, mas não é, ou pelo menos não naquela época. Porém, mais do que isso, Galileu mostrou que não havia diferença entre o "movimento violento", para cima, dos objetos pesados, e seu "movimento natural", para baixo. Os dois casos envolviam corpos acelerados, daí a mesma lei matemática regia seus movimentos. Em conexão com o outro trabalho de Galileu, isso implicava, mais uma vez, que o sistema de Aristóteles não podia ser consertado facilmente, mas tinha de ser substituído.

Galileu expôs a sua lei no *Diálogo sobre dois sistemas máximos* (1632). Seu breve relato não convenceu alguns dos seus contemporâneos, que se queixaram de não ter obtido os mesmos resultados. Em resposta a seus críticos, Galileu elaborou seu livro seguinte, *Discursos e demonstrações matemáticas sobre duas novas ciências* (1638). No terceiro dia, depois de ouvir Salviati, o personagem que representa Galileu, mencionar a lei de Galileu, o personagem Simplício, que é aristotélico, objeta:

> Mas ainda estou em dúvida se esta é a aceleração empregada pela natureza no movimento de seus corpos pesados. Então, para meu entendimento, e para o daquelas outras pessoas como eu, penso que agora seria adequado [para você] apresentar alguns experimentos entre aqueles (que você disse que são muitos) que comprovem em vários casos as conclusões demonstradas.

Salviati acha que esse pedido é razoável. Depois de dizer que sim, que já fez vários experimentos, e que eles comprovam a lei em questão, ele descreve para Simplício os apetrechos:

> Numa viga ou caibro de madeira, com cerca de 12 *braccia* de comprimento, meia de largura e 7,62cm de espessura, um sulco foi cavado ao longo da dimensão mais estreita, com pouco mais de 2,50cm de largura, bem reto; para que a superfície fique bem lisa e suave, foi colado dentro dele um pedaço de velino, o mais macio e liso possível. Por esse sulco foi posta para descer uma bola pesada de bronze, bem arredondada e polida, e a viga foi inclinada elevando-se uma das extremidades acima do plano horizontal a uma altura de uma a duas *braccia*, à vontade. Como disse, a bola foi posta para descer ao longo do mencionado sulco, e anotamos (da maneira que agora mostrarei a você) o tempo que ela levou para percorrer todo o trajeto, repetindo o mesmo procedimento muitas vezes, a fim de ter certeza da quantidade de tempo, na qual nunca encontramos uma diferença de sequer a décima parte da batida do pulso.

Salviati diz a Simplício que, por exemplo, rolou a bola por uma quarta parte do comprimento do sulco e verificou que ela levara exatamente a metade do tempo até ali; em outras distâncias, o tempo decorria de acordo com a mesma proporção. "Nos experimentos repetidos mais de cem vezes", diz ele, "os espaços encontrados estavam sempre um para o outro como os quadrados dos tempos. E isso se mantinha para todas as inclinações do plano, isto é, do sulco no qual a bola era colocada para descer." É a isso que hoje chamamos de lei do movimento uniformemente acelerado.

Simplício se convence: "Teria ficado muito satisfeito de estar presente a esses experimentos. Mas, por estar certo da sua determinação ao realizá-los e da sua fidelidade ao descrevê-los, fico contente em considerá-los corretos e verdadeiros."[1]

O experimento de Galileu foi diferente do de Eratóstenes para medir a circunferência da Terra, e de seu próprio experimento da Torre de Pisa. Esses dois utilizavam equipamentos construídos para outras finalidades. O experimento do plano inclinado, ao contrário, necessitou do planejamento e da construção de um aparato com uma função específica. A engenhosidade de Galileu se aplicou não só à realização do próprio experimento, como também ao desenho do "palco" que o tornou possível. Esse palco cria um espaço performático no qual um fenômeno – no caso, a aceleração – pode aparecer e ser examinado. Mesmo quando se trata de um fenômeno novo e inesperado: o manuscrito *Sobre o movimento*, de Galileu, mostra como ele começou a usar planos inclinados quando ainda pensava que corpos em queda ou rolando tinham um movimento uniforme. Uma vez que ele construiu esse palco, outros puderam reproduzi-lo para tentar seus próprios procedimentos, da mesma forma que uma peça teatral é transcrita em um roteiro para que outros a encenem. Porque, embora esse experimento exija a construção de seu próprio palco, ele ainda se assemelha à medição de Eratóstenes e ao experimento da Torre de Pisa, no sentido de que pode ser reproduzido de milhares de modos.

Os historiadores da ciência chegaram a admitir que Galileu descobrira a lei do movimento uniformemente acelerado, mas ficaram mais céticos que Simplício quanto à sua fidelidade ao descrevê-lo. Sua principal objeção era o modo como ele contava o tempo. O dispositivo que usou foi um cronômetro de água, no qual media a quantidade de líquido que circulava dentro de um tubo durante a descida da bola, a fim de deduzir quanto tempo havia passado. Medir intervalos curtos de tempo com precisão pode ser difícil usando esses cronômetros de água. Até há pouco tempo, na verdade, muitos historiadores da ciência não só duvidavam de que isso fosse possível, como até ridicularizavam a afirmação de Galileu de que usara um cronômetro de água para medir "a décima parte do batimento do pulso" ou, aproximadamente, um décimo de segundo. Um dos críticos mais veementes foi Alexander Koyré, da École des Hautes Études de Paris, um especialista em Galileu. Koyré tinha uma visão platônica da ciência, de acordo com a qual esta procede por meio do raciocínio teórico, e o experimento era "teoria encarnada". Ele deixou que o preconceito orientasse sua leitura dos escritos de Galileu, considerando sérios apenas os argumentos lógicos e matemáticos do físico italiano, e desdenhando seu trabalho experimental. Em 1953, por exemplo, Koyré referiu-se à "surpreendente e lastimável pobreza dos meios experimentais à disposição [de Galileu]", e menosprezou o experimento do plano inclinado com as seguintes palavras:

> Uma bola rolando numa ranhura de madeira "macia e polida"! Um vaso de água com um furinho através do qual o líquido escorre e é coletado num copinho para ser depois pesada, e assim medir o tempo de descida. ... que acúmulo de fontes de equívocos e inexatidão! ... É óbvio que os experimentos de Galileu são

completamente destituídos de valor: a própria perfeição de seus resultados é a prova rigorosa de sua incorreção.[2]

Desafiando Koyré, Thomas Settle, estudante pobre e batalhador de história da ciência na Universidade de Cornell, reconstruiu com meticulosidade o experimento em 1961, na sala que compartilhava com outros alunos de graduação. Settle estava determinado a usar somente "dispositivos e procedimentos disponíveis para Galileu ou que não fossem melhores que aqueles que ele poderia ter reunido". Escolheu uma tábua de pinho comprida, um conjunto de blocos de madeira, um vaso para flores com um pequeno tubo de vidro embutido mais um cilindro graduado (o cronômetro de água), e dois tipos de bolas: uma de bilhar, com 5,70cm, e uma bola de rolimã, com 2,20cm. Para fazer o experimento funcionar, precisou de certas instalações; Settle verificou que o operador "necessitava de tempo para sentir o aparato, o ritmo do experimento. Devia também treinar conscienciosamente as suas reações. A cada dia, ou ao final de cada parada, ele deveria praticar um pouco para se esquentar". Como Koyré sugerira, medir o tempo da descida era de fato o aspecto "mais difícil" do trabalho. Contudo, no final, Settle percebeu que poderia obter excelentes informações, de acordo com a lei de Galileu, e concluiu que o experimento fora "perfeitamente factível para ele". Mais ainda: descobriu que, com a prática, o cronômetro feito com o vaso de flores poderia marcar com precisão o quase décimo de segundo obtido por Galileu. Settle publicou sua reencenação do experimento na revista *Science*, incluindo diagramas e tabelas de informação (FIGURA 3.2). Embora sua afirmação de que a reprodução do experimento, "essencialmente como Galileu o descreveu", era "simples, direta e fácil de executar" contenha um pouco de bravata estudantil, seu artigo permanece um excelente guia para quem desejar realizá-lo.[3]

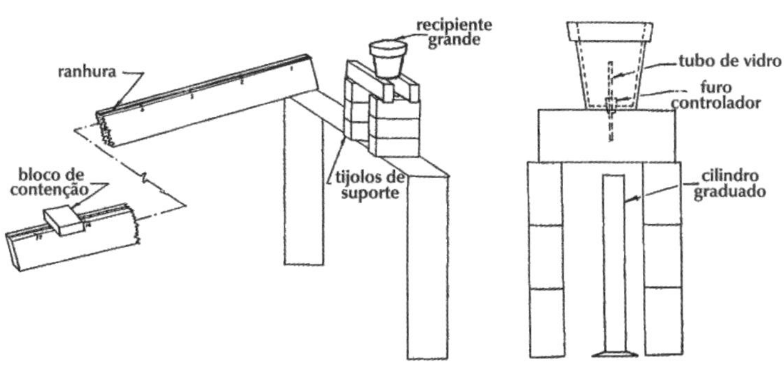

Figura 3.2. Diagrama do aparelho de Thomas Settle, recriando o experimento do plano inclinado de Galileu.

O trabalho de Settle comprovou que o experimento do plano inclinado podia realmente demonstrar a lei do movimento uniformemente acelerado. Entretanto, muitos historiadores da ciência ainda insistem em que Galileu não fez o experimento da maneira que descreveu, isto é, que ele não podia ter usado aquele método para estabelecer sua conclusão, em primeiro lugar. Esses historiadores presumem que Galileu primeiro descobriu a lei matemática por alguma forma de raciocínio abstrato, e que só depois construiu, para ilustrá-la, o dispositivo que descreveu. O motivo para esse ceticismo, mais uma vez, é o cronômetro de água – eles não crêem que Galileu tenha estabelecido a lei com sua ajuda.

Na década de 1970, Stillman Drake, em seus estudos sobre Galileu, também desafiou essa suposição. Graças à leitura atenta de uma página do caderno de anotações de Galileu, Drake concluiu que ele realmente chegara à sua lei usando o método do plano inclinado, mas marcando o tempo de um modo que parece ter se beneficiado de seu longo treinamento musical. Por ser um exímio tocador de alaúde, Galileu conseguia manter um ritmo com precisão; um bom músico pode facilmente marcar um ritmo com mais exatidão que qualquer cronômetro de água. Drake descobriu que Galileu havia colocado cordas de tripas, do tipo usado nos antigos instrumentos de cordas, dentro dos sulcos do plano inclinado. Quando a bola era posta para rolar pelo sulco e passava sobre uma corda, ele ouvia um ligeiro estalo. Galileu, segundo a reconstrução especulativa de Drake, então ajustava as cordas de tripa de modo que a bola liberada na parte superior esbarrasse neles num intervalo de tempo regular – o que, para as canções típicas da época, era pouco mais que meio segundo por batida. Depois de ter marcado os intervalos de tempo com razoável exatidão, graças a seu ouvido musical, tudo o que Galileu precisava era medir as distâncias entre as cordas. Estas se tornavam regularmente mais longas à medida que a bola ganhava velocidade, ilustrando a progressão 1, 3, 5 etc. e permitindo que ele concebesse o experimento mais elaborado descrito em *Discursos e demonstrações matemáticas sobre duas novas ciências* e reconstruído por Settle.[4]

Galileu, em suma, foi mais habilidoso e mais engenhoso como experimentador do que os historiadores da ciência o consideraram.

O experimento do plano inclinado de Galileu tem seu tipo especial de beleza. Falta-lhe a grandeza do experimento de Eratóstenes, no qual as dimensões cósmicas surgem em uma pequena sombra. Também não tem a dramática simplicidade do experimento da Torre de Pisa, no qual um teste entre duas visões de mundo radicalmente diferentes se cristaliza numa demonstração que pode ser vista a olho nu. E, é claro, a beleza do experimento do plano inclinado não está na lei matemática do movimento acelerado que descobrimos graças a ele mais do que a beleza de um Monet ou de um Cézanne está no monte de feno ou na montanha que pintaram. Diríamos que o experimento do plano inclinado de Galileu tem a beleza da "emergência de um padrão". Sua beleza está na maneira dramática pela qual um dispositivo relativamente simples permite que um princípio fundamental da natureza surja naquilo que à primeira vista parece ser apenas um arranjo de eventos arbitrários e caóticos – bolas rolando por uma rampa. Foi assim que a primeira lei surgiu para Galileu, e é este o modo como ela é demonstrada hoje aos estudantes.

Como um dos que responderam à minha consulta escreveu sobre o que sentiu ao reproduzir os experimentos de Galileu, "a beleza não estava em aprender que a gravidade é igual a 9,8m/s^2, mas em nos mostrar que podíamos medir quantitativamente algo importante para a física com coisas tão simples".

Interlúdio 3

A comparação Newton-Beethoven

Uma vez, depois de tocar para alguns amigos em uma festa a última sonata para piano de Beethoven, a *Opus 111*, Werner Heisenberg declarou a seu deslumbrado público: "Se eu nunca tivesse existido, outra pessoa provavelmente teria formulado o princípio da incerteza. Se Beethoven nunca tivesse existido, outra pessoa teria composto a *Opus 111*."[1]

E o historiador da ciência I. Bernard Cohen cita uma observação atribuída a Einstein: "Se Newton ou Leibniz nunca tivessem existido, o mundo possuiria o cálculo, mas se Beethoven nunca tivesse existido, nunca teríamos a Sinfonia em dó menor [a Quinta sinfonia]."[2]

A comparação Newton-Beethoven, como é chamada com frequência, traça uma elegante relação entre as ciências e as artes com profundas implicações para a possibilidade de beleza na ciência. A polêmica usual põe os dois campos em contraste, clamando que os produtos da ciência são inevitáveis, mas os da arte não. O argumento subjacente é que a estrutura do mundo investigada pela ciência é prefigurada, e que o trabalho dos cientistas é voltado para revelar essa estrutura preexistente. Os sociólogos da ciência chamam a isso de técnica "crucipixel". Imaginação, criatividade, interesses governamentais e fatores sociais podem afetar o momento em que a ciência fica pronta – com que rapidez e em que ordem as cores são colocadas –, mas não podem afetar a estrutura da pintura final. Os artistas, por outro lado, são totalmente responsáveis pela estrutura total de suas obras.

O filósofo Immanuel Kant também comparou cientistas e artistas, mas seguindo uma linha diferente. De acordo com Kant, o "gênio", a despeito da romantização que se faz habitualmente de cientistas como Newton, não é encontrado entre os cientistas, que são capazes de explicar para si próprios e para os outros por que fazem o que fazem, mas apenas entre os artistas. Embora os cientistas possam ensinar seu trabalho aos outros, os artistas produzem obras *originais*. O segredo da criação dessas obras é desconhecido e intransmissível. "Newton podia mostrar como dava cada um dos passos que precisava dar para partir dos primeiros elementos da geometria e chegar a suas grandes e profundas descobertas", escreveu Kant, "não só para si próprio como para todas as pessoas também, de uma forma tão intuitiva[mente clara], permitindo que todos o seguissem." Não era assim com Homero e outros grandes poetas. "Não se pode aprender a escrever poesia inspirada, por mais elaborados que estejam todos os preceitos dessa arte e por mais soberbos que sejam seus modelos."[3]

O cientista Owen Gingerich opôs-se a essa comparação e fez uma defesa fascinante de uma analogia, usando um estudo de caso para mostrar que os cientistas são parcialmente responsáveis pela estrutura de suas teorias, o que significa que o quadro geral não é de todo predeterminado pela natureza. O sistema de mundo newtoniano não é inevitável, ele argumenta, porque explicações alternativas para os fenômenos celestes, sob a forma das leis de Kepler, podem ser extraídas de outras fontes, como as leis de conservação. A afirmação de Gingerich de que existem alternativas enfatiza o papel da imaginação e da criatividade no feito de Newton, e portanto sua singularidade. "Os *Principia* de Newton são uma conquista pessoal que o coloca no mesmo nível criativo que Beethoven ou Shakespeare."

Mas Gingerich advertiu contra uma interpretação muito literal dessa analogia: "A síntese de conhecimento adquirida numa teoria científica importante não é totalmente a mesma que a ordenação dos componentes em uma composição artística." A teoria científica tem um referencial na natureza e está sujeita a "experimentação, extensão, falsificação". As conquistas científicas podem ser parafraseadas legítima e até inevitavelmente (quem lê hoje os *Principia* além dos historiadores?), o que não pode acontecer com as obras artísticas. E o modo pelo qual a ciência progride é diferente do progresso na arte. Entretanto, Gingerich conclui: uma análise cuidadosa da comparação Newton-Beethoven – da analogia e dos contrastes – nos permite "ter uma visão mais sensível da natureza da criatividade científica". Embora o argumento de Kant e a comparação tradicional pareçam refutar a possibilidade de beleza nas teorias científicas, o argumento de Gingerich parece restaurar o seu lugar nelas.[4] E o filósofo francês Jean-Marc Lévy-Leblond imaginou, em um experimento mental, como seria a teoria da relatividade se Einstein nunca tivesse existido. O resultado foi bem diferente daquele que temos hoje, em palavras, símbolos e ideias.[5]

Se o que está em questão não é a teoria e sim uma experimentação, a comparação Newton-Beethoven assume ainda outra dimensão. A experimentação é muitas vezes vista pelos que estão de fora como um processo automático que envolve o mínimo de contribuição criativa. De acordo com essa visão, a experimentação se assemelha ao programa *Concentration*, que a televisão dos Estados Unidos transmitiu entre 1958 e 1973. Os concorrentes tinham de descobrir e interpretar o que estava por trás das faces ocultas de um grupo de blocos montado no cenário. À medida que o jogo prosseguia, os blocos eram girados, um de cada vez, revelando porções de uma imagem composta por palavras e símbolos que os participantes deviam decifrar. Os blocos eram girados por trás do palco pelos técnicos – os "experimentadores" –, que acionavam mecanismos ocultos. O processo mecânico não tinha interesse para os competidores, que apenas prestavam atenção aos dados expostos na superfície dos blocos.

Como qualquer experimentador pode atestar, essa visão é equivocada. Nada é automático ou inevitável num experimento bem planejado. Contudo, para apreciar isso, devemos encarar os experimentos como um processo e também como um resultado. Mas como o experimento chegou ao resultado? Compreender isso exige uma história, quase uma biografia. Ele tem começo, gestação, crescimento e – com sorte – maturidade, seguida da decadência. Esse processo certamente pode envolver o que Kant chama de gênio, para o qual não existe uma regra prévia.

Kant de fato estava certo ao dizer que estilo e tradição funcionam de modo diferente na ciência e na arte. Experimentos com prismas podem remeter historicamente a Newton; medidas com precisão, a Cavendish; experimentos de interferência da luz, a Young; e experimentos de dispersão de partículas, a Rutherford. Um historiador que estuda longas séries de experimentos feitos pelo mesmo experimentador – como Faraday, Volta, Newton e Franklin – pode identificar diferentes padrões no modo pelo qual esses cientistas exploravam um fenômeno e concebiam novos experimentos para compreendê-lo. Apesar disso, ninguém se refere a um experimento dizendo que é "*à la* Newton" do modo como uma pintura pode ser reconhecida como "*à la* Caravaggio". O trabalho experimental envolve um outro tipo de engenhosidade, igualmente dependente da imaginação e da criatividade, que não é inevitável e cria seu próprio tipo de tradição de figuras exemplares graças à abertura de novos domínios de pesquisa.

A imaginação científica, como a imaginação artística, é disciplinada. Ela funciona de acordo com um conjunto de recursos existentes, teorias, produtos, orçamento e pessoal, modelando esses elementos em uma performance que permite que algo de novo apareça. Claro que é melhor dispor de um orçamento maior e de materiais mais aperfeiçoados. Mas a imaginação experimental vê o estoque de recursos existentes não como limitador ou facilitador. Como disse Goethe, "só na limitação a mestria é revelada". Sob esse aspecto, a analogia Newton-Beethoven é mais comparação que contraste – e define um lugar inequívoco para a beleza na ciência.

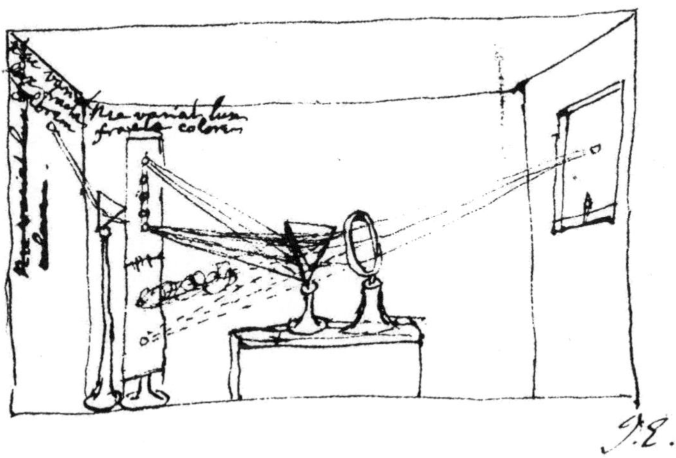

Desenho de Isaac Newton para seu *experimentum crucis*.

4

O *experimentum crucis*
Newton decompõe a luz do Sol com prismas

Em janeiro de 1672, Isaac Newton (1642-1727) enviou uma mensagem curta para Henry Oldenburg, o secretário do recém-estabelecido grupo de cientistas eminentes (ou "filósofos", como eram então conhecidos) chamado de Royal Society de Londres. A sociedade admitira Newton havia apenas uma semana, depois que seus integrantes ficaram impressionados com sua invenção de um novo e engenhoso tipo de telescópio refletor. Newton fazia uma audaciosa afirmação a Oldenburg. "Fiz uma descoberta filosófica", dizia ele, "que na minha avaliação é a mais estranha, se não a mais importante observação que até hoje foi feita a respeito das operações da natureza."[1] Oldenburg merece ser desculpado por considerar essa afirmação absurda e arrogante, própria de um jovem superambicioso. E Newton de fato era uma pessoa difícil – combativo, hipersensível e obsessivamente sigiloso. Mas não se tratava de uma hipérbole.

Algumas semanas depois, Newton enviou aos membros da Royal Society a descrição de um experimento que mostrava de forma definitiva – ele dizia – como a luz solar, ou luz branca, não era pura como se acreditava, e sim composta por uma mistura de raios de diferentes cores. Newton se referia a isso como seu *experimentum crucis*, ou "experimento crucial". Sua decomposição da luz tornou-se imediatamente um marco na história da ciência e uma demonstração sensacional do método experimental. Esse experimento, como escreveu um dos muitos biógrafos de Newton, "era tão belo em sua simplicidade quanto eficiente na síntese da teoria newtoniana".[2]

Isaac Newton nasceu em Lincolnshire, Inglaterra, em 1642, mesmo ano em que Galileu morreu. Veio ao mundo, talvez de forma relevante, no dia de Natal. De 1661 até 1665 Newton estudou no Trinity College, da Universidade de Cambridge. Seu desempenho ali, como outro biógrafo assinalou, "foi o mais extraordinário para um estudante de graduação na história daquela universidade",[3] pois Newton descobriu por sua própria conta e dominou perfeitamente, isolado com seus cadernos de anotações, o que havia de mais novo em filosofia, física e matemática e – que estava sendo lenta e arduamente forjado pelos mais eminentes cientistas da Europa. Em 1665, quando Newton se graduou, mas continuou na universidade para aprofundar seus estudos, a Grande Peste (peste bubônica) atingiu a Europa, e a Universidade de Cambridge fechou as portas por dois anos, mandando Newton de volta a Lincolnshire. O período forçado de ociosidade entre campos e pomares da propriedade de sua mãe não constituiu um retrocesso em sua educação, e sim uma bênção inesperada. Permitiu a Newton, então em seu alvorecer científico, refletir sem interrupções sobre numerosos temas científicos sobre os quais já vinha trabalhando. Os historiadores chamam a esse período da vida de Newton de seu "ano miraculoso", porque foi nessa época que lançou as bases de muitas de suas ideias seminais: na física, a ideia da gravitação universal (a história da maçã, cuja queda o inspirou, nos chegou por intermédio de uma prima distante de Newton e de Voltaire, e supostamente ocorreu nessa ocasião); em astronomia, as leis do movimento planetário; em matemática, o cálculo. Durante esse tempo, Newton também começou a trabalhar em sua série de experimentos revolucionários em óptica.

A óptica, ou estudo da luz, tinha então uma importância científica crescente. Desde os tempos antigos os pensadores haviam desenvolvido um conhecimento básico sobre a reflexão e a refração da luz (como ela se curva ao passar por um material transparente). Mas antes do século XVII os espelhos e as lentes eram de má qualidade. Além disso, seu estudo era dificultado pelo preconceito de que as imagens por eles produzidas não mereciam exame sério porque não eram naturais – como poderiam ter importância imagens distorcidas e ilusórias? Mas a invenção do telescópio e do microscópio incrementou a demanda por melhores espelhos e lentes, o que, por sua vez, aumentou o interesse em sua manufatura e estudo. A nova ciência também desenvolveu a noção de que as distorções e transformações ópticas não eram artificiais (como os movimentos "violentos" da teoria aristotélica), e sim (novamente como o movimento para Galileu) uma nova arena governada por princípios mecânicos e leis matemáticas que poderiam ser descobertas por meio da experimentação. Mesmo assim, Descartes e outros pioneiros da óptica no século XVII partilhavam da opinião, que recuava até

Aristóteles, de que a luz branca era pura e homogênea, sendo as cores uma modificação ou "manchas" da luz branca.

Confinado na propriedade de sua mãe enquanto a peste assolava as cidades, Newton transformou um dos quartos da casa em laboratório de óptica, selando-o contra a luz, exceto por um pequeno furo para o lado de fora. Ali passava dias seguidos absorto em suas experiências. Um dos seus colegas escreveu: "Para aguçar suas faculdades e fixar a atenção, durante todo esse tempo ele se trancava com uma pequena quantidade de pão, um pouco de vinho e de água com que se abastecia, sem qualquer regularidade, quando sentia fome ou sentia-se fraco e cansado." A principal ferramenta de Newton era um prisma, curiosidade popular na época, muito apreciada por sua capacidade de transformar em várias cores a luz branca. Mas Newton transformou o brinquedo em um poderoso instrumento de investigação científica da luz.

Um estereótipo comum, infligido a gerações de colegiais, diz que o método científico é um empreendimento robótico, que consiste em formular, testar e reformular hipóteses. Uma descrição mais vaga, porém mais acurada, do que os cientistas fazem diria que eles "olham para" um fenômeno – o examinam de diferentes ângulos, entendendo-o por meio de pequenas modificações, de um jeito e de outro, para ver o que acontece. Em seu laboratório improvisado, Newton "olhou" a luz, usando várias configurações de prismas e lentes, e finalmente chegou à conclusão de que a luz branca não era pura, e sim uma mistura de luz de diferentes cores. Newton escreveria mais tarde: "O método melhor e mais seguro de filosofar parece ser primeiro investigar diligentemente as propriedades das coisas, depois estabelecer essas propriedades por meio de experimentos, e então passar mais lentamente a hipóteses para explicá-las."[4]

Mas por vários anos Newton pouco falou a outras pessoas sobre seu trabalho. Ao voltar para o Trinity College, quando este reabriu em 1667, ele assistiu a aulas de óptica ministradas por Isaac Barrow, o primeiro ocupante da cátedra de matemática em Cambridge (uma cátedra famosa, que teve como ocupantes em anos mais recentes Paul Dirac e Stephen Hawking), foi encarregado de revisar as notas de aula de Barrow, e em 1670 sucedeu-o como professor de matemática. O posto exigia que ele usasse um manto escarlate para indicar seu alto status em relação aos outros professores. Também lhe exigia que proferisse uma conferência para os alunos pelo menos uma vez por semana, em latim, sobre algum tema pertinente à matemática. Newton escolheu a óptica, o que lhe permitiria misturar matemática e ciência experimental, e "expor os princípios dessa ciência a um exame mais estrito". Essas aulas não tiveram muita frequência. Um colega observou que "eram tão poucos os que o ouviam, e menos ainda os que o entendiam, que às vezes ele, por falta de audiência, lia para as paredes".[5] Literalmente para as paredes – nenhum ouvinte assistiu à sua segunda aula.

Em 1671, Newton apresentou aos membros da Royal Society um telescópio que inventara com base em seus estudos ópticos. A Royal Society havia sido criada pouco mais de dez anos antes, com o nome de *Royal Society of London for Improving Natural Knowledge*; seu lema, inscrito no brasão, era a expressão latina *Nullius in verba*, tradicionalmente traduzida como "Não aceite a palavra de ninguém como prova". A sociedade se reunia semanalmente para discutir e analisar os trabalhos escritos por seus integrantes. Essa atividade era fundamental para estimular a pesquisa e a profissionalização na ciência, porque dinamizava o processo pelo qual a informação científica era disseminada e defendida; uma pessoa podia focalizar um determinado tema e apresentar os resultados de seus estudos por meio de uma carta. Essas cartas eram publicadas no que inicialmente se chamou *Correspondência* da sociedade, e, mais tarde, *Philosophical Transactions*, precursora das modernas revistas científicas. Quando Newton se juntou ao grupo, poucos associados tinham ouvido falar dele. Entretanto, seu telescópio foi uma sensação. Com apenas 15,25cm de comprimento, fora engenhosamente desenhado e construído, e equivalia a telescópios muito maiores. Vários integrantes da sociedade passaram a tentar construir telescópios para si mesmos, e logo convidaram Newton para fazer parte da agremiação.

A primeira comunicação formal que Newton dirigiu à sociedade foi a carta em que ele cumpre a audaciosa promessa feita a Oldenburg de dar notícias sobre a "mais estranha" descoberta filosófica já feita sobre as operações da natureza. Esse documento é muitas vezes citado como obra-prima de literatura científica e modelo de escrita em ciência. Ele fornece uma descrição excelente, não só do experimento crucial em si mesmo, como também do processo mental que conduziu a ele – e um leitor arguto perceberá, nas entrelinhas, a genuína alegria que Newton sentia ao realizar suas investigações. Começa com as seguintes palavras:[6]

> Para realizar minha recente promessa ao senhor, direi sem maiores cerimônias que, no ano de 1666, ... equipei-me com um prisma triangular de vidro, para tentar [testar] com ele o famoso *Fenômeno das cores*. E, tendo para isso escurecido meu quarto e feito um pequeno furo na veneziana da janela, para deixar entrar apenas a quantidade conveniente de luz solar, coloquei meu prisma nessa entrada, para que assim essa fosse refratada para a parede oposta. No início foi um divertimento muito agradável ver as cores vívidas e intensas serem produzidas desse modo.

Outros poderiam cair na tentação de prestar atenção apenas no intrigante jogo de cores semelhante ao arco-íris. Mas Newton queria saber o que estava se passando sob todos os ângulos possíveis. Ele viu, além das cores, as formas que elas assumiam. "Fiquei surpreso ao vê-las numa forma *oblonga*; as quais, de acordo com as leis recebidas sobre a refração, deveriam ser *circulares*."

Por que Newton se surpreendeu? Na concepção predominante de Descartes e outros, os prismas modificavam um pouco ou manchavam a luz branca para produzir o espectro. Sendo assim, um raio com o diâmetro de um lápis deveria emergir do prisma com o mesmo contorno circular com que tinha entrado nele. Em vez disso, como Newton viu, a imagem tinha a forma de uma pista de corrida, com curvas semicirculares em cima e embaixo conectadas por seções estreitas (Figura 4.1); as cores se apresentavam em faixas horizontais, com o azul em uma extremidade e o vermelho na outra. Newton também percebeu uma segunda característica intrigante: enquanto as seções estreitas da imagem eram nítidas, as curvas, nas duas extremidades – azul e vermelha –, eram borradas. Isso, mais a "extravagante" discrepância entre o comprimento e a largura (o comprimento era cerca de cinco vezes maior que a largura), "excitou-me mais que a curiosidade banal de examinar de onde aquilo poderia se originar".

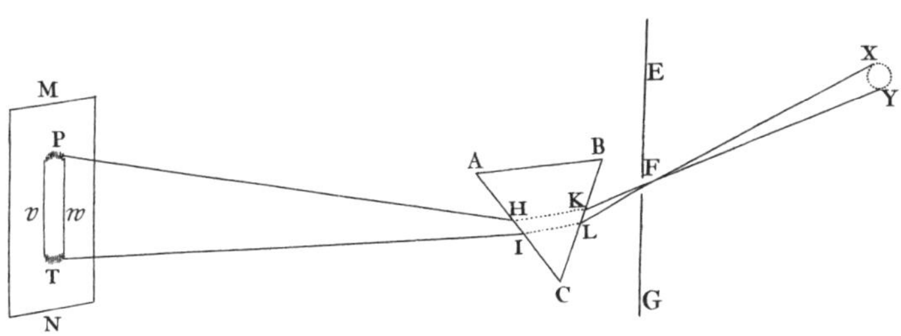

Figura 4.1. Diagrama da forma oblonga produzida por um raio de Sol depois de passar através de um prisma, tal como foi visto por Newton.

Newton em seguida descreve suas tentativas de determinar por que a imagem adquirira esse contorno inesperado simplesmente por ter passado através do prisma. Para ver se poderia interferir na forma desse contorno, ele usou prismas de diferentes espessuras e procurou fazer a luz passar por diferentes partes desses prismas. Girou o prisma em torno do eixo para a frente e para trás. Modificou o tamanho do furo na janela, e tentou colocar o prisma pelo lado de fora, sob a luz solar, de modo que o raio passasse através do prisma antes de passar pelo furo da janela. Verificou se alguma imperfeição no vidro do prisma poderia ser a causa. Nenhuma dessas ações afetou a forma do contorno. Sua intrigante forma oblonga permanecia, e cada cor era sempre refratada – enviada em um ângulo diferente ao atravessar o prisma – da mesma maneira.

Newton lembrou-se das vezes que tinha visto "uma bola de tênis colidir com uma raquete em posição oblíqua", seguindo um arco através do ar. Talvez – começou ele a suspeitar – a forma do ponto luminoso pudesse ser explicada se o prisma, de algum modo, fizesse com que os raios viajassem em trajetos curvilíneos na direção vertical. Isso o levou a outra série de experimentos.

> A remoção gradativa dessas suspeitas levou-me ao *experimentum crucis*, que era o seguinte: peguei duas pranchas e coloquei uma delas perto, por trás do prisma, na janela, de modo que a luz passasse através de um pequeno furo, nela feito com esse propósito, e caísse na outra prancha, que coloquei a cerca de 3,65m de distância, tendo primeiro feito também uma perfuração nela, para que alguma luz incidente passasse através dele. Então coloquei outro prisma por trás dessa segunda prancha, de modo que a luz, atravessando ambas as pranchas, pudesse atravessar também esse prisma e novamente ser refratada antes de chegar à parede. Feito isso, tomei o primeiro prisma em minha mão e girei-o lentamente, de cima para baixo, em torno do eixo, de modo a fazer com que as várias partes da imagem, captadas pela segunda prancha, passassem sucessivamente através do furo feito nela, para que eu pudesse observar em que lugares da parede o segundo prisma as refrataria. E vi, pela variação desses lugares, que a luz tendente para aquele fim da imagem, em direção do qual a refração do primeiro prisma se processava, fazia com que o segundo prisma sofresse uma refração consideravelmente maior que a luz tendente para a outra extremidade.

O próprio diagrama de Newton para esse *experimentum crucis*, aquele que ele desenhou num pedaço de papel em suas primeiras conferências sobre óptica, está na Figura 4.2. Um raio de luz semelhante a um lápis vem de um furo na janela, passa através do primeiro prisma e se espalha contra uma prancha a 3,60m de distância. Ao se espalhar, ele projeta um arranjo de cores – oblongo na dimensão vertical, mas com faixas horizontais de cores, do vermelho até o azul. Qualquer pessoa que tenha usado prismas viu isso, embora não compreenda necessariamente o significado dessa forma. Mas o que Newton fez em seguida foi uma novidade: ele acrescentou um segundo prisma à prancha. Cavou um segundo furo na prancha, fez passar por ele parte da faixa oblonga de luz até um segundo prisma colocado do outro lado, e então dirigiu esse raio contra a *outra* prancha. Girando o primeiro prisma, ele podia manobrar a faixa oblonga para cima e para baixo, de modo que as luzes de cores diferentes passassem através do furo e através do segundo prisma, até a segunda prancha. Então observou cuidadosamente o que acontecia.

Newton percebeu que a luz azul, em grande parte refratada pelo primeiro prisma, também era grandemente refratada pelo segundo; da mesma maneira, a luz vermelha, menos refratada pelo primeiro prisma, era menos refratada pelo segundo. Também percebeu que *o modo* pelo qual o azul e o vermelho eram refratados não dependia do ângulo de incidência (o ângulo em que eles tocam a superfície do prisma). Newton concluiu que o grau em que os raios eram refratados – sua "refringência", segundo a palavra latina *refrangere*, "refratar-se" – era uma propriedade dos próprios raios, e não dos prismas. Os raios conservavam sua refringência enquanto passavam através dos dois prismas. Estes não modificavam os raios de luz, apenas se espalhavam de acordo com sua refringência.

Agora Newton tinha as respostas para suas perguntas iniciais. A imagem semelhante a um arco-íris tomava a forma de uma pista de corrida porque o prisma espalha o raio de luz de uma maneira ditada pelo comportamento individual das cores que o compõem. Se o eixo do prisma estiver na horizontal, o prisma manterá o raio na mesma largura, mas o espalhará verticalmente. As extremidades verticais da forma oblonga aparecem borradas porque há menos raios nas extremidades de cima e de baixo. Newton escreveu: "E assim ficou constatado que a verdadeira causa do comprimento da imagem [da forma oblonga] não era outra senão que a *luz* consiste em raios diferentemente refratáveis, os quais, sem qualquer relação com uma diferença em sua incidência, são transmitidos, de acordo com seus graus de refrangibilidade, para diversas partes da parede."

O que havia de tão crucial neste experimento, entre as centenas de outros que Newton realizara, muitos dos quais lhe mostraram efeitos similares? Sua própria confiança em suas conclusões neste experimento se baseia não só nele, mas em todas as suas outras tentativas de olhar a luz com prismas e lentes. Mas Newton não via razão para insistir em que seus colegas seguissem seu longo caminho de investigação. Tudo o que bastava para colocá-los no caminho certo seria um único experimento. Portanto, havia certa teatralidade no *experimentum crucis*; ele era uma demonstração ou recapitulação do que até então havia aprendido a fazer. O objetivo da demonstração era persuadir os colegas, portanto ela precisava ser simples, com instrumentos facilmente disponíveis, e exibir o resultado de forma clara e direta, com o intuito de maximizar o impacto. Como ele escreveria mais tarde para alguém que pelejava para recriar seus experimentos: "Em lugar de uma multiplicidade de coisas, tente apenas o *experimentum crucis*. Porque não é o número de experimentos,

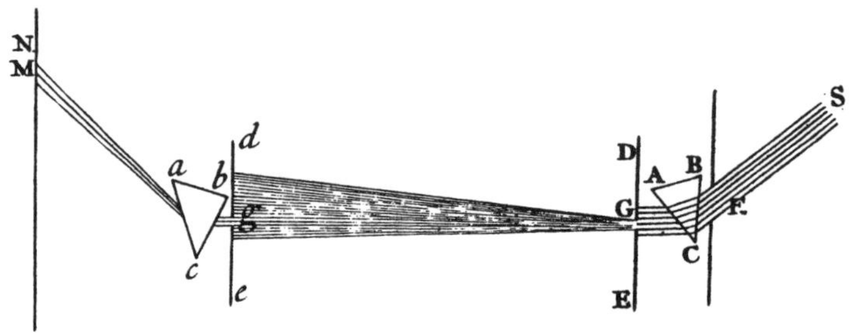

Figura 4.2. Diagrama do *experimentum crucis* feito por Newton para suas aulas sobre óptica.

mas seu peso que deve ser considerado; e quando um é suficiente, qual a necessidade de muitos?"[7]

Esse experimento deu a Newton não só uma resposta para sua indagação inicial acerca do formato oblongo das cores, como também abriu outras possibilidades e levantou novas indagações. Ele estivera ocupado cortando lentes para telescópios, mas então percebeu que sua descoberta implicava uma importante limitação para a qualidade dos telescópios feitos com lentes. "Ao compreender isso", escreveu, "abandonei meus mencionados trabalhos com vidro; porque vi que a perfeição dos telescópios era limitada com eles", não em virtude de imperfeições no vidro, mas pelo fato de que "a luz em si é uma *mistura heterogênea de raios diferentemente refratáveis*". As lentes focalizam dobrando ou refratando a luz; mas como diferentes tipos de luz se refratam por diferentes quantidades, mesmo uma lente perfeita não poderia juntar todos os raios em um ponto. Um meio mais eficaz para um telescópio focalizar a luz – ele percebeu – seria com o uso de espelhos, em lugar de lentes, uma vez que, quando os espelhos refletem a luz para focalizá-la, o ângulo em que os diferentes tipos de luz se refletem é sempre o mesmo. Newton disse que imediatamente tratou de construir um telescópio usando espelhos, mas a construção foi interrompida pela peste. Em 1671, ele finalmente terminou um telescópio no qual tinha confiança e do qual ficou muito orgulhoso – tão orgulhoso que conseguiu superar sua habitual obsessão com o sigilo e mostrou-o à Royal Society.

Newton expôs tudo isso na primeira parte de seu trabalho. Na segunda, discorreu sobre várias implicações da sua descoberta. Uma das principais era que a refração da luz não era uma propriedade causada pelo prisma através de alguma forma de modificação, como Descartes e a maioria dos estudiosos do assunto acreditavam: "As cores não são *Qualificações da Luz*, derivadas das refrações, ou reflexões de corpos naturais (como em geral se acredita), e sim *propriedades originais e inerentes*, que são diversas nos diferentes raios..." Uma segunda implicação era que, "ao mesmo grau de refração sempre pertence a mesma cor, e à mesma cor pertence o mesmo grau de refração". Uma terceira era que a refração ou cor de um raio não é afetada pela substância que ele atravessa. Newton havia examinado esse ponto muito cuidadosamente:

> A espécie de cor e o grau de refração próprio a cada espécie particular de raios não são modificáveis pela refração, nem pela reflexão de corpos naturais, nem por qualquer outra causa que eu pudesse até agora observar. Quando qualquer tipo de raio foi bem separado daqueles de outros tipos, ele manteve obstinadamente a sua cor, a despeito das minhas tentativas de mudá-la. Eu o refratei com prismas e refleti-o com corpos que, à luz do dia, eram de outras cores; interceptei-os com uma camada colorida de ar, interpondo duas placas de vidro; transmiti-os através de meios coloridos, e através de meios irradiados por outros tipos de raios, e cortei-os de várias maneiras; e, contudo, nunca pude fazê-los emitir qualquer cor nova.

Newton chega à surpreendente conclusão de que a luz branca não é original, e sim composta, fato que havia confirmado em alguns de seus experimentos graças ao uso de prismas adicionais e lentes para recombinar a luz que anteriormente havia separado:

> Porém, a mais surpreendente e maravilhosa composição foi a da brancura. Não há uma espécie de raios que possa, sozinho, exibi-la. Ela é sempre composta, e para sua composição são requeridas todas as mencionadas cores primárias, misturadas na devida proporção. Muitas vezes contemplei com admiração que todas as cores do prisma, postas para convergir e depois misturadas novamente, como estavam na luz antes de fazê-la incidir sobre o prisma, reproduziam luz inteira e perfeitamente branca. ... Daí, portanto, deduz-se que aquela brancura é a cor usual da luz; porque a luz é um agregado confuso de raios carregados com todos os tipos de cores, como se fossem promiscuamente disparados de várias partes dos corpos luminosos.

A "surpreendente e maravilhosa" descoberta despertou novas percepções para questões que antes eram vistas como mistérios profundos. No restante de seu artigo, ele se refere a algumas delas, uma a uma, solucionando com facilidade enigmas que haviam deixado seus colegas perplexos. Como os prismas funcionam, e como produzem a forma oblonga do ponto luminoso? Eles não modificam a luz, mas espalham-na, separando-a em faixas de igual refringência. Imagine (esta não é uma suposição feita por Newton) um grupo de pessoas correndo, cada uma delas capaz de dobrar uma esquina em um ângulo diferente. Embora se mantenham juntas quando se movem em linha reta, na primeira esquina fechada vão se espalhar formando uma faixa. Como o arco-íris se forma? Newton explicou isso imaginando as gotas da chuva como uma nuvem de prismas minúsculos que refratavam a luz do Sol por trás delas. E quanto ao "estranho fenômeno" que envolve vidros coloridos e outros materiais, nos quais o mesmo material produz cores diferentes? Esses fatos "não mais são enigmas" – diz Newton –, porque são materiais que refletem e transmitem diferentes tipos de luz sob diferentes condições.

Newton explicou um "experimento inesperado" feito por Robert Hooke, o curador de experimentos da Royal Society. Hooke projetou luz sobre uma jarra com líquido vermelho e sobre outra com líquido azul. Ambas deixavam a luz passar – mas quando ele tentou projetar luz através das duas juntas, elas bloquearam a luz. Hooke não tinha conseguido explicar isso: por que, se cada jarra individualmente permitia que a luz a atravessasse, a sua combinação bloquearia completamente a luz? A perplexidade de Hooke – disse Newton – devia-se evidentemente à suposição de que a luz era uma substância uniforme; ao contrário disso, a luz se compunha de muitos tipos de raios; a jarra azul deixava passar um tipo, mas bloqueava todos os demais; a jarra vermelha deixava passar um segundo tipo, mas bloqueava todos os demais. Como as duas jarras não permitiam a passagem do mesmo tipo de luz, "nenhum raio poderia passar através de ambas".

Agora, Newton já era capaz de explicar a cor dos corpos naturais – eles refletem "uma espécie de luz em quantidade muito maior do que outra" –, e descreveu seu próprio experimento em um quarto escuro, no qual lançara luz de diversas cores sobre vários objetos, verificando que "dessa maneira pode-se fazer com que qualquer corpo apareça de qualquer cor". Será que existem cores no escuro, e será a cor uma propriedade dos objetos? Não – a cor é uma propriedade da luz que brilha sobre eles.

Newton termina a carta com algumas sugestões de experimentos que seus colegas podiam fazer, embora advirta que esses experimentos, como o *experimentum crucis,* são altamente delicados. O prisma deve ser da mais alta qualidade, ou a luz, ao alcançar o segundo prisma, estará impura, e o quarto deve estar absolutamente escuro, senão a luz se misturará a outras cores, o que perturbará a experiência. Este último aspecto torna o *experimentum crucis* mais difícil de ser reproduzido do que parece nas aulas de ciências da escola, embora possa parecer acessível e vividamente instrutivo. Newton concluiu:

> Considero isso suficiente como introdução para experimentos desse tipo; sobre os quais, se algum membro da Royal Society ficar curioso em promovê-los,

> terei muita satisfação em ser informado do resultado: pois, se alguma coisa parecer defeituosa, ou se contrariar este relato, poderei ter uma oportunidade de prestar mais informações sobre eles; ou de conhecer meus erros, caso tenha cometido algum.

Oldenburg recebeu a carta de Newton no dia 8 de fevereiro. Por sorte, estava preparando uma reunião da Royal Society para mais tarde, naquele mesmo dia, e teve tempo de incluí-la em sua agenda. Os que estavam presentes examinaram primeiro uma comunicação sobre a possível influência da Lua sobre as leituras barométricas e outra sobre os efeitos da picada da tarântula, antes de ouvir a contribuição de Newton. A sociedade ficou muito impressionada. Oldenburg escreveu: "A leitura de seu discurso referente à Luz e às Cores foi praticamente o único assunto ao qual se dedicaram naquela tarde. Posso assegurar-lhe, senhor, que ele recebeu tanto uma singular atenção como um aplauso incomum."[8] Oldenburg também mencionou que os associados insistiram em que publicasse a carta o mais depressa possível em *Philosophical Transactions*, e ela de fato apareceu na edição seguinte, no mesmo mês.

Não só o *experimentum crucis* de Newton é belo, e seu relato sobre ele em *Philosophical Transactions* um modelo de trabalho científico, como também provocou aquela que foi certamente a primeira "controvérsia jornalística", com os cientistas discutindo acalorada e incessantemente um tema. O experimento de Newton, ao desafiar, como fez, a ortodoxia da época, de acordo com a qual os prismas criavam cores ao modificar a luz branca, acendeu uma disputa entre os cientistas da Royal Society e de fora dela, sobretudo na França.

Sem mesmo tentar reproduzir o *experimentum crucis*, Robert Hooke refutou com alguma irritação e críticas incorretas a hipótese que Newton parecia estar levantando. Este mostrou-se à altura da situação e exibiu com brilho o seu talento combativo, recapitulando e elaborando seus argumentos na troca de cartas que se seguiu e que inclui uma das mais sarcásticas rasteiras da história. Ele se aproveitou do fato de que Hooke era tão baixo e encurvado (o que em parte se exacerbava pelo minucioso tipo de trabalho de bancada que fazia) que parecia um anão. Em uma carta eivada de pretensos elogios, Newton louva as contribuições de Hooke ao seu trabalho com as palavras: "Se consegui ver mais longe, foi porque me ergui sobre os ombros de gigantes."[9] Essa observação famosa é hoje citada como galante e humilde, quando na verdade ridicularizava maldosamente Hooke.

Na França, os cientistas levaram mais tempo para se converter. Um deles foi um antigo professor do Colégio dos Jesuítas Ingleses, em Liège, chamado Francis Hall, embora ele se assinasse Linus em sua correspondência.

No outono de 1674, Linus – que estava chegando aos 80 anos – escreveu a Oldenburg para queixar-se de que, em experimentos com prismas que havia feito 30 anos antes, nunca observara um contorno alongado nos dias de sol, e afirmava que o alongamento da imagem vista por Newton devia-se a efeitos causados pelas nuvens. Newton, que considerava Linus incompetente, não se dignou a responder. Oldenburg, porém, ordenou que Hooke encenasse uma demonstração do *experimentum crucis* de Newton na reunião da Royal Society em março de 1675. O tempo, infelizmente, não cooperou e, em vista das observações de Linus, achou-se que era inútil levar o experimento adiante num dia nublado. Linus morreu no outono daquele ano, mas a sua causa foi honrada por um aluno devotado, que expressou sua confiança em que seu mestre seria vingado na próxima vez que a Royal Society fizesse o experimento em um dia ensolarado.

Hooke novamente planejou uma demonstração na Royal Society, e o que Newton chamava de "o Experimento sob controvérsia" foi marcado para 27 de abril de 1676 (um dia de sol, finalmente). Embora Newton não estivesse presente – ele em geral evitava esses acontecimentos públicos –, a reunião foi um marco no alvorecer da ciência moderna, pois foi o primeiro experimento planejado e executado por uma sociedade científica para dar uma resposta decisiva a uma controvérsia premente. A ata oficial da Royal Society registrou:

> O experimento do sr. NEWTON, contestado pelo sr. Linus e seus colegas de Liège, foi testado perante a sociedade, seguindo as instruções do sr. NEWTON, e bem-sucedido, como ele sempre afirmou que seria; e foi ordenado ao sr. OLDENBURG que transmitisse esse resultado aos de Liège, que haviam anteriormente certificado que, se os experimentos feitos diante da sociedade fossem bem-sucedidos de acordo com as afirmações do sr. NEWTON, eles o aceitariam.[10]

Alguns críticos franceses ainda relutaram por alguns anos. Um jesuíta francês chamado Antoine Lucas tentou fazer o *experimentum*, mas encontrou raios vermelhos entre os roxos; outro encontrou vermelhos e amarelos entre os violeta. Newton parou de dar respostas e escreveu que "isso é para ser discutido não por palavras, mas por novas tentativas do experimento".[11] Ele já havia emitido advertências sobre o que podia sair errado com o experimento. Como qualquer artefato de realização complexa, ele pode ser organizado de maneira incorreta – mas quando é feito corretamente, mostra o que deu errado com as tentativas; ele fornece seus próprios critérios de sucesso.

O *experimentum crucis* de Newton proporcionou ao mundo muitas coisas de uma só vez: uma peça de informação, um conjunto de ferramentas e técnicas, e até uma lição moral. Ele deve sua beleza a cada uma dessas coisas. O experimento de Newton desvelou uma parte de verdade sobre o mundo com espantosa simplicidade e engenho. Quem teria pensado, depois de usar um prisma para quebrar um raio de luz branca e transformá-lo num arco-íris, em pegar uma porção daquilo e enviá-la através de *outro* prisma? Com essa configuração, nenhuma outra manipulação foi necessária para mostrar aos seus colegas que a luz branca se compõe de raios de diferentes cores, com diferentes graus de refração.

O experimento nos permitiu compreender muitos fenômenos desconcertantes da luz e nos forneceu técnicas para separar luz de cores diferentes e para construir telescópios melhores. A compreensão de Newton irrompeu como uma espoleta, disparando conexões em muitas direções distintas.

Finalmente, o *experimentum crucis* de Newton foi uma lição moral para os cientistas. De fato, é como se o experimento dissesse: "Este é o caminho a seguir para que se entenda um fenômeno enigmático. Experimentar demoradamente e esforçar-se. Depois, escolher a demonstração mais econômica e vívida que puder encontrar, indicar o que pode sair errado, e mostrar as novas conexões que ela torna possíveis."

Assim, a sua beleza nada tem a ver com a aparência das próprias cores. Como Eratóstenes com as suas sombras, Newton buscava, para além das cores, aquilo que fazia com que elas se comportassem da forma como se comportavam. Mas, como o experimento do plano inclinado de Galileu, o *experimentum crucis* de Newton revelou algo sobre a natureza da própria experimentação. O que distingue o *experimentum crucis* é que ele tem uma espécie de beleza moral.

Em 1721, quando uma segunda edição francesa da *Óptica* de Newton foi publicada em Paris (a primeira apareceu em 1704), seu editor francês, Varignon, escreveu a Newton: "Li a *Óptica* com o maior prazer, e maior ainda porque seu novo sistema de cores está firmemente estabelecido pelos mais belos experimentos." Varignon pediu a Newton um desenho para ser colocado no alto da primeira página, uma ilustração que pudesse simbolizar o conteúdo do livro.

Newton escolheu um desenho do seu *experimentum crucis* com uma lacônica legenda: "A luz não muda de cor quando é refratada". Foi um elegante símbolo daquilo que, pelas mãos dele, tornou-se a própria ciência da óptica.

Interlúdio 4

A ciência destrói a beleza?

Quando ouço o sábio astrônomo,
Quando as provas, os números, são arranjados em
[colunas diante de mim,
Quando me mostram mapas e diagramas, para somar,
[dividir, e medir,
Quando, sentado, ouvindo a conferência do astrônomo,
[com tantos aplausos da plateia,
Fico inexplicavelmente cansado e aborrecido,
Até que me levanto e saio, e sozinho
Mergulho na umidade noturna, de quando em quando
[Admirando acima, em perfeito
silêncio, as estrelas.

Walt Whitman

Para os amantes da beleza, Newton não trouxe paz, e sim uma espada.

Os filósofos, poetas e artistas da Antiguidade viam a luz dotada de um status especial entre todos os fenômenos do mundo. Platão comparou o Sol e seus raios ao Bem – em sua forma mais elevada –, porque ele não só nutria como iluminava tudo. Os seguidores da tradição platônica, incluindo santo Agostinho, Dante, Grossteste e são Boaventura, viam uma ligação especial entre a luz e a beleza, ou o Ser; a luz era o princípio de toda a beleza visível e sensorial, e a beleza em si mesma. Ela iluminava o mundo feito por Deus; ela era a epifania. A luz, naturalmente, tinha um status especial também para os pintores; por volta da época de Newton, eles a tratavam como "um ato de amor", nas palavras de Kenneth Clark, porque a luz parecia espalhar-se, dar brilho e intensidade ao mundo.[1]

Mas o nascimento da ciência moderna, e especialmente o trabalho de Newton, colocou uma ameaça a essa visão. De repente, a luz perdeu seu status como princípio da epifania. Não era mais o mundo que se iluminava a si mesmo, por meio da luz, em benefício da humanidade; agora era como se a mente humana se estendesse para iluminar o mundo. A luz tornou-se apenas mais um fenômeno governado pelas leis racionais da mecânica e da matemática.[2] Essa reação à nova ciência pode ser medida pelo que os poetas achavam que Newton tinha feito com aquele baú do tesouro de cores, o arco-íris.

Para alguns poetas e artistas do século XVIII e início do XIX, Newton era o inimigo. Ele parecia ter transformado o arco-íris e outras manifestações da cor em um exercício de matemática. Keats foi um desses. Em 1817, Keats lamentou que "o arco-íris foi roubado de seu mistério"; em uma festa, Keats e o escritor Charles Lamb censuraram seu anfitrião, o pintor britânico B.R. Haydon, por ter incluído a cabeça de Newton em uma das suas telas, e reclamaram que Newton "tinha destruído toda a poesia do arco-íris, ao reduzi-lo às cores prismáticas".[3] Um ano e meio depois, ainda inquieto, Keats referiu-se ao assunto novamente, em seu poema "Lamia" (1820), usando a prática então comum de referir-se à ciência como "filosofia natural":

> Não é que todo o encanto some
> Apenas ao toque frio da filosofia?
> Outrora havia no céu um arco-íris imponente:
> Conhecemos seu tecido, sua textura; ele está
> na aborrecida lista das coisas comuns.
>
> A filosofia quer cortar as asas de um anjo,
> derrubar todos os mistérios com régua e compasso,
> tirar a magia do ar, a mina dos gnomos –
> desmanchar o tecido do arco-íris...

O mesmo ano viu também a publicação do poema "Ao arco-íris", de Thomas Campbell:

> Pode toda essa óptica ensinar, desdobrar
> a tua forma para me agradar assim,
> como quando sonho de pedrarias e ouro
> escondidos em teu arco radiante?
> Quando a ciência retirar da face
> encantada da Criação o véu,

quantas belas visões cederão seu lugar
às frias leis materiais!

O poeta William Blake representou Newton em um desenho, nu, como um homem barbado medindo coisas com exatidão, usando um compasso, e escreveu:

Os átomos de Demócrito
e as partículas de luz de Newton
são grãos de areia nas praias do mar Vermelho:
Onde as tendas de Israel brilham tão vivas.

Em suas obras *Teoria das cores* e *Contribuições para a óptica*, Johann Wolfgang von Goethe chega a ponto de tentar desenvolver uma ciência da cor explicitamente antinewtoniana, baseada exclusivamente em como ela é percebida. Goethe realizou uma extraordinária série de experimentos, conseguindo descrever e explicar aspectos da percepção da cor que Newton não tinha percebido, O trabalho de Goethe influenciou fortemente muitos artistas, inclusive o pintor J.M.W. Turner.

Mas outro grupo de artistas abordou o feito de Newton com um novo olhar. O próprio Newton não parecia ser grande conhecedor das artes; uma vez ele se referiu a esculturas como "bonecos de pedra", e gostava de citar a opinião de Isaac Barrow sobre poesia: "uma espécie de *nonsense* engenhoso". Mesmo assim, muitos artistas acharam que ele abriu novos domínios de beleza. Um deles foi o poeta inglês James Thomson, que, como assinalou Marjorie Nicolson, aprendeu com outros colegas a ver os arco-íris e os crepúsculos com "olhos newtonianos":[4]

Ainda agora, o sol poente e as nuvens deslizando,
vistas, Greenwich, de teus belos montes, declaram
como é certa, e bela, a lei da refração.

Como M.H. Abrams escreveu, Thomson parece acreditar que "Apenas Newton viu a beleza nua".

A divisão entre os poetas românticos do século XVIII e início do XIX representa uma divisão que ainda está presente entre nós, entre aqueles para quem pesquisa e investigação destroem a beleza e aqueles para quem elas aprofundam a beleza. O físico Richard Feynman uma vez foi posto à prova por um amigo artista, que afirmava que, enquanto os artistas veem a beleza em uma flor, um cientista a despedaça e a transforma em algo frio e sem vida. Feynman, é claro, não se deixou enganar. Ele retrucou que, como cientista, era capaz de ver não menos, porém mais beleza na flor. Podia apreciar, por exemplo, as belas e complicadas ações dentro das células da flor, em sua ecologia, em seu papel nos processos evolucionários. "O conhecimento científico", disse Feynman, "apenas aumenta a excitação, o mistério e a maravilha de uma flor."

Aprender tais coisas não reduz a apreciação da flor mais do que aprender acústica reduz a apreciação pelas *Quatro estações* de Vivaldi. A conservação do nosso sentido de deslumbramento em relação ao mundo não é conquistada pelo nosso afastamento da ciência, mas pelo nosso engajamento nela. O antídoto contra o sábio astrônomo é o bom astrônomo – aquele que continua a compartilhar esse deslumbramento.

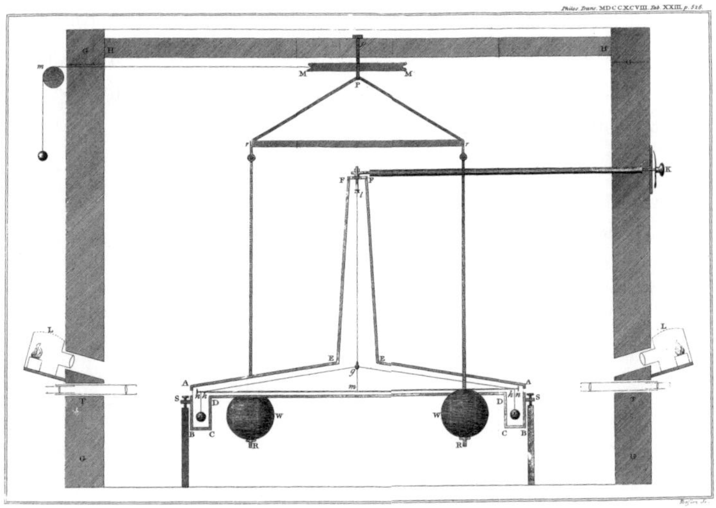

Equipamento usado por Henry Cavendish para medir a densidade da Terra.

5

O peso do mundo
O austero experimento de Cavendish

O cientista inglês Henry Cavendish, um dos maiores nomes da química e da física no século XVIII, foi também um de seus mais estranhos personagens. Felizmente, tanto para ele quanto para a ciência, sua formação aristocrática e a riqueza que herdou proveram-lhe os meios de satisfazer seus interesses de sua própria maneira. Como resultado disso, conseguiu realizar um experimento cuja precisão não pôde ser aprimorada por um século.

Cavendish (1731-1810) tinha uma voz nervosa e aguda, vestia roupas esquisitas, literalmente fora de moda há mais de 50 anos, e se afastava das pessoas tanto quanto podia. Seu primeiro biógrafo, um cientista da Royal Society chamado George Wilson, escreveu que os colegas diziam que Cavendish se vestia como seus avós – o que incluía um tricorne, chapéu alto de três pontas – e que era "tímido e acanhado a um nível doentio".[1] Quando tinha de passar pelo sofrimento de ser apresentado a outros, Cavendish olhava silenciosamente sobre suas cabeças, quando não fugia da sala em desespero. Às vezes ficava de pé, paralisado, diante de uma sala abarrotada, literalmente incapaz de entrar. Quando andava de carruagem, encolhia-se em um canto para que não o pudessem ver pelas janelas abertas. Em suas caminhadas diárias sempre fazia o mesmo trajeto, na mesma hora, e ia pelo meio da rua para evitar encontros indesejáveis. Quando notou que seus vizinhos haviam percebido sua rotina diária e se reuniam para observar o excêntrico do bairro, Cavendish mudou de horário e passou a fazer suas caminhadas à noite. O único retrato existente de Cavendish teve de ser pintado em segredo. Seus colegas, sabendo que ele era tímido demais para concordar, convidaram secretamente um pintor para um jantar da Royal Society e o colocaram perto de uma extremidade da mesa para que pudesse dar uma boa olhada no rosto de Cavendish. *Cavendo tutus* ("Esteja a salvo, sendo prudente") era o lema da família Cavendish, mas com o seu comportamento Henry levava esse conselho a um exagero patológico.

Cavendish, que perdera a mãe aos dois anos de idade, tinha medo especial de mulheres. Para evitar a presença de sua governanta, deixava instruções por escrito sobre as tarefas e refeições do dia seguinte antes de se retirar para dormir. Depois de acidentalmente encontrar a governanta na escada, ele fez instalar uma outra escada nos fundos da casa para que isso não se repetisse. Um colega da Royal Society assim descreveu outro episódio:

> Uma tarde observávamos uma linda jovem que, de sua alta janela no lado oposto da rua, olhava os filósofos a jantar. Ela foi notada, e um a um nos levantamos e nos juntamos embaixo para admirá-la. Cavendish achou que estávamos olhando a Lua, aproximou-se com seu jeito estranho e, quando viu o real objeto de nosso estudo, virou-se com intenso desgosto, grunhindo "Argh!".[2]

Cavendish era totalmente metódico em sua vida e trabalho. Sempre comia a mesma refeição: perna de carneiro. Suas rotinas diárias, de acordo com Wilson, eram executadas segundo uma lei "inflexível e imperativa como aquela que rege o movimento de estrelas":

> Ele usava a mesma roupa ano após ano, sem dar atenção às mudanças na moda. Calculou a vinda de seu alfaiate para fazer suas novas roupas como se fosse a chegada de um cometa. ... pendurava o chapéu sempre no mesmo cabide quando ia a encontros do Clube da Royal Society. A bengala sempre era colocada em uma de suas botas, e sempre na mesma... Assim ele foi em vida, uma bela peça de engrenagem intelectual. E como viveu pela regra, morreu por ela, predizendo sua morte como se fosse o eclipse de um grande astro (e foi mesmo) e contando o momento em que a sombra do mundo invisível viria cobri-lo em suas trevas.[3]

Wilson, um escritor cuidadoso e perceptivo, era ambivalente sobre seu objeto biográfico. Quando forçado a falar de Cavendish como pessoa, Wilson lutou heroicamente para produzir a seguinte descrição daquele homem estranho e brilhante:

> Moralmente ele era uma página em branco, e pode ser descrito apenas por uma série de permutações. Não amava; não odiava; não tinha esperanças; não tinha medo; não tinha fé como os outros homens. Ele se separou dos outros homens,

e aparentemente também de Deus. Nada havia de ardente, entusiasta, heroico ou cavalheiresco em sua natureza, assim como nada havia de mesquinho ou ignóbil. Ele quase não tinha emoção. Tudo o que exigia, para ser entendido, algo mais do que o intelecto puro, ou o uso da imaginação, afeição ou fé, era desagradável para Cavendish. Uma mente intelectual a pensar, um par de olhos maravilhosamente precisos observando, um par de mãos muito hábeis experimentando ou anotando, é tudo o que eu sou capaz de ver em seus escritos. Seu cérebro parece ter sido apenas um mecanismo de cálculo; seus olhos, janelas para a visão, não fontes de lágrimas; suas mãos, instrumentos de manipulação que nunca tremiam com emoção ou se juntavam em adoração, gratidão ou desespero; seu coração, nada mais do que um órgão anatômico, necessário para a circulação de sangue. Ainda assim, se um ser como esse, que inverteu o preceito "*nihil humani me alienum puto*" ["Nada que seja humano é estranho para mim."], não pode ser amado, tampouco pode ser odiado ou desprezado. Ele era, a despeito da atrofia ou falta de desenvolvimento das qualidades encontradas naqueles em que "os elementos são gentilmente agregados", um gênio tão verdadeiro quanto os meros poetas, pintores e músicos, de intelectos e corações pequenos, porém grande imaginação, diante dos quais o mundo está disposto a se ajoelhar.[4]

Esse gênio estava presente em sua visão particular do mundo e seu papel nele como cientista. Wilson prossegue: "Sua teoria do Universo parece ter sido que ele consistia unicamente em múltiplos objetos que poderiam ser pesados, numerados e medidos; e vocação que ele acreditava ser a sua era pesar, numerar e medir tantos desses objetos quanto seu tempo de setenta anos permitisse."

Cavendish usou uma mínima parte de sua residência, em Clapham, perto de Londres, como moradia, deixando o restante abarrotado de equipamento científico – termômetros, manômetros, instrumentos de medida, aparelhos astronômicos. Ele transformou os andares superiores em um observatório astronômico, e a maior árvore em seu jardim literalmente sustentava suas observações meteorológicas. Cavendish era um reconstrutor compulsivo de instrumentos, implementando melhorias significativas a balanças químicas, equipamentos elétricos, termômetros de mercúrio, aparelhos geológicos e instrumentos astronômicos. Mas não se importava com a aparência externa de suas criações, que foram descritas por historiadores da ciência com frases como "de exterior grosseiro porém de perfeição singular". (De fato, sua governanta se surpreendeu um dia ao descobrir que ele havia criado um aparelho evaporador a partir de várias panelas da casa.)

Alguns historiadores da ciência escreveram sobre o efeito que a personalidade de um cientista produz em seu tipo de trabalho. No caso de Cavendish, isso é verdade, mas o oposto também o é: a ciência teve um efeito sobre sua personalidade. As medições exatas exigidas por seu trabalho certamente ajudaram a manter esse notório neurótico como uma pessoa funcional. As medições não apenas concentravam sua energia de forma construtiva, mas também lhe garantiram o respeito da Royal Society, permitindo-lhe conservar as poucas ligações sociais que possuía. Ele merecia tal respeito, pois suas realizações eram significativas e tinham vastas implicações. De fato, essas realizações eram ainda maiores do que se sabia, pois Cavendish, que via suas descobertas como propriedade pessoal, não publicou muitas delas, em parte porque era um eremita, em parte porque considerava seus experimentos ainda em progresso, distantes da precisão adequada. Em uma carreira de 50 anos de trabalho obsessivo, ele escreveu menos de 20 artigos, e nenhum livro. Como resultado disso, a lei de Ohm (que descreve o relacionamento entre voltagem elétrica, resistência e amperagem) e a lei de Coulomb (que descreve a força entre dois corpos eletricamente carregados) não receberam o nome do homem que primeiro as descobriu. Como obras de arte abandonadas no sótão por um artista perpetuamente descontente, essas descobertas permaneceram ignoradas em seus cadernos por décadas, e foram encontradas muito depois por perplexos editores e historiadores.

Wilson, novamente:

> O Belo, o Sublime e o Espiritual parecem ter descansado juntos além de seu horizonte. ... Muitos de nossos filósofos naturais têm um forte e bem cultivado senso de estética, deleitando-se em uma ou outra, ou em todas as belas-artes. Mas Cavendish não se importava com nenhuma dessas. [5]

Henry Cavendish era atraído, em vez disso, para estéticas mais profundas, austeras. Ele tinha um senso instintivo para os tipos certos de medições a serem feitas e para o jeito mais simples de realizá-las – e então trabalhava sem descanso para aperfeiçoar a precisão de seus equipamentos. Seu primeiro trabalho, publicado em 1766, foi sobre medidas químicas; estava com 35 anos. Seu último trabalho, publicado em 1809, um ano antes de sua morte, cobria medidas astronômicas. Nesse ínterim, ele pesou e mediu uma multiplicidade de coisas com muita precisão.

Uma dessas coisas foi o mundo. O experimento de Cavendish, entre 1797 e 1798, para determinar a densidade da Terra foi sua obra-prima, desafiando ao máximo sua busca fanática de precisão. Ele fez muitas descobertas importantes, mas esta veio a ser conhecida como "O experimento de Cavendish". O *experimentum crucis* de Newton foi o que os historiadores chamam de um experimento de descoberta, pois revelou um novo e inesperado aspecto do mundo em uma área na qual a teoria era fraca. Newton também o extraiu de uma longa série de experimentos e o apresentou como uma demonstração que validava todo o seu trabalho. O experimento de Cavendish, por outro lado, foi um experimento métrico que resistiu ao extremo grau de precisão que o tornou possível, e não uma parte de uma série, dependente de uma teoria relativamente bem desenvolvida. O experimento ganhou importância ao longo do tempo. Pois, embora Cavendish o tenha usado para medir a densidade (de fato, o "peso") do mundo, cientistas que colocaram a lei de gravitação de Newton em sua forma concisa moderna descobriram que o experimento de Cavendish é perfeito para medir o valor do importantíssimo termo "G" – a constante universal da gravitação.

O caminho que levou Cavendish a esse experimento começou, como era característico dele, com uma questão sobre precisão – a precisão de instrumentos geográficos. Em 1763, o astrônomo Charles Mason e o agrimensor Jeremiah Dixon, ambos ingleses, foram enviados às colônias britânicas para resolver a antiga disputa de divisas entre Pensilvânia e Maryland. O resultado seria a famosa linha Mason-Dixon, importante divisa na história dos Estados Unidos nos anos que levariam à Guerra Civil. Cavendish duvidou da precisão que eles poderiam conseguir em seu trabalho, porque a grande massa das montanhas Allegheny, a nordeste, exerceria uma leve força gravitacional sobre os instrumentos métricos de Mason e Dixon – uma força que não era compensada por uma massa equivalente a sudeste, pois a água do oceano Atlântico é muito menos densa que as rochas.

Na mente de Cavendish, a diferença entre as densidades de montanhas e oceanos levantou uma questão sobre a densidade da própria Terra. Esse tema era interessante não só para os agrimensores, mas também para muitos outros tipos de cientistas, incluindo físicos, astrônomos e geólogos.

De acordo com Newton, a atração gravitacional entre dois corpos é proporcional a suas densidades. A atração gravitacional relativa exercida por corpos astronômicos entre si torna possível determinar suas densidades relativas; Newton, por exemplo, estimava que Júpiter possuía um quarto da densidade da Terra. E, com base na densidade relativa da matéria na superfície da Terra e nas minas, Newton fez uma estimativa surpreendentemente precisa de sua densidade, escrevendo que "é provável que a quantidade total de matéria na Terra seja cinco ou seis vezes maior do que seria se todo o planeta estivesse coberto de água".[6] Mas ninguém possuía um método para medir essa estimativa. Para fazê-lo, seria preciso medir a atração entre dois objetos de densidades conhecidas. A razão da atração entre esses objetos e suas densidades poderia ser comparada à razão da atração entre esses objetos e a Terra para determinar a densidade geral do planeta. Mas os corpos que se poderiam medir em laboratório exerceriam uma atração gravitacional tão pequena que Newton e outros pensavam que seria impossível medi-la. Uma alternativa seria calcular quanto de uma massa de solo de densidade conhecida (como uma rocha de forma geométrica e geologicamente uniforme) arrastaria um pequeno objeto, como um pião de prumo suspenso de forma que seus desvios pudessem ser medidos de forma precisa. Mas os cálculos de Newton o levaram ao desespero. "Montanhas inteiras não seriam suficientes para produzir qualquer efeito visível", ele escreveu.[7]

Ainda assim, a questão da densidade da Terra era tão urgente para os astrônomos, físicos, geólogos e agrimensores que em 1772 a Royal Society indicou um "Comitê da atração" para tentar avaliá-la, o que o astrônomo Neville Maskelyne descreveu como um esforço para fazer "a gravitação universal da matéria palpável". O comitê, que tinha Cavendish entre seus membros, decidiu tentar o método do pião de prumo. Em 1775, a Royal Society patrocinou uma expedição para realizar esse experimento – planejado principalmente por Cavendish, mas executado por Maskelyne – na Escócia, numa montanha grande, porém de formato regular, chamada Schiehallion ("Tempestade Constante"). O experimento, como era previsível, foi atrasado pelo mau tempo, mas, quando concluído, Maskelyne deu uma festa tão agitada para os fazendeiros escoceses – com o consumo de um grande barril de uísque e um incêndio, acidentalmente iniciado pelos foliões, que destruiu a choupana na qual se realizava a festa – que ela passou para o folclore e é mencionada em uma balada gaélica.[8]

De volta a Londres, um matemático calculou, a partir das observações coletadas, que a densidade da Terra era 4,5 vezes a da água, assumindo-se que a razão entre a densidade da Terra e a da montanha era 9/5, e que a densidade da montanha era 2,5 vezes a da água. Maskelyne recebeu uma medalha por seu feito; ao condecorá-lo, o diretor da Royal Society gabou-se de que o sistema newtoniano estava "completo".

Cavendish, naturalmente, não havia participado do banquete dos bêbados nem estava na montanha quando as observações foram feitas. Ao contrário de Maskelyne e de seus colegas da Royal Society, Cavendish preocupava-se com essas suposições. O que lhes dava certeza de que a razão da densidade da Terra e da montanha era de 9/5, e que a densidade da montanha era 2,5 vezes a da água? Sem ter certeza da composição da montanha e de suas dimensões precisas, a medida da densidade da Terra permaneceria apenas aproximada. Ele concluiu que uma medição realmente precisa da densidade da Terra deveria ser feita em laboratório, usando-se corpos de forma e composição conhecidas. A desvantagem, ele sabia, era que a força a ser medida seria extremamente pequena. Se o eminente Newton pensou que nem mesmo uma montanha causaria um efeito mensurável, como isso poderia ser feito em laboratório?

Em seu estilo característico, Cavendish remoeu silenciosamente o problema ao longo de anos, enquanto trabalhava em outros projetos. Finalmente, discutiu-o com um de seus poucos amigos, o reverendo John Michell. Além de sacerdote, Michell era geólogo e estudava a estrutura interna da Terra. Fora admitido na Royal Society em 1760, no mesmo ano que Cavendish. Em 1783, ciente de que Michell estava com problemas de saúde enquanto tentava construir um telescópio ambiciosamente grande, Cavendish escreveu a seu amigo que, "se sua saúde não permitir que continue com isso, espero que ao menos lhe permita a tarefa mais simples e menos trabalhosa de pesar o mundo".[9]

Michell, que, como Cavendish, se ocupava de outros experimentos, passou uma década construindo o aparato para pesar o mundo, mas morreu antes de conseguir utilizá-lo. O equipamento acabou nas mãos de Cavendish, que passou alguns anos reconstruindo-o, para maior precisão. Ele finalmente deu início ao experimento no verão de 1797. Apesar de ter então 67 anos, Cavendish se aplicou ao projeto com incrível energia, fazendo observações por horas a fio, procurando obsessivamente por fontes de erro, e constantemente introduzindo aperfeiçoamentos. Seu relatório de 57 páginas sobre os resultados foi publicado nas *Transactions* da Royal Society em junho de 1798.[10] Uma parte tão grande do artigo foi dedicada à descrição de seus esforços para procurar fontes de erro que um comentarista reclamou que "lia uma dissertação sobre erros". O trabalho começava de forma muito simples:

> Há muitos anos, o finado reverendo John Michell, desta sociedade, desenvolveu um método para determinar a densidade da Terra, tornando visível a atração de pequenas porções de matéria; mas, como estava engajado em outras atividades, ele não completou o aparato até pouco antes de sua morte, e não viveu para com ele realizar experimentos.
>
> O aparato é muito simples, consistindo em um braço de metal de 1,80m de comprimento, feito de maneira a unir grande força e pouco peso. Esse braço é mantido suspenso em posição horizontal por um arame flexível de 102cm de comprimento, e em cada extremidade dele pendura-se uma bola de chumbo de aproximadamente 5cm de diâmetro; e o todo do aparato é contido numa fina caixa de madeira, que o protege do vento.

Michell pretendia medir a atração entre essas esferas de metal de 5cm, colocadas como pesos de halterofilismo em cada ponta do braço de madeira suspenso do teto, e duas esferas de 20,30cm que se moveriam próximo às esferas de 5cm. Ele então traria os pesos maiores para mais perto dos menores. Isto é, se você se imaginar olhando do teto, o braço de madeira e as bolas menores estariam posicionadas, vamos dizer, às 12h e às 6h, enquanto as bolas maiores estariam à 1h e às 7h. A atração entre cada par (um maior, um menor) de esferas puxaria o braço, colocando-o em movimento. Como o arame que suspendia o feixe era flexível, o movimento tomaria a forma de uma oscilação do braço de madeira para a frente e para trás. Medir a oscilação permitiria a Michell calcular a força de atração entre as esferas. Isso, com a força de atração conhecida entre as esferas e a Terra, proporcionaria a informação necessária para determinar a densidade desta.

Mas a segunda página do relatório de Cavendish traz à luz as principais dificuldades dessa abordagem: a força de atração entre as esferas seria extremamente pequena, apenas 1/50.000.000 de seu peso. "Está claro", Cavendish escreveu, "que qualquer força que gere o menor distúrbio será suficiente para destruir o sucesso deste experimento." A menor corrente de ar, força magnética ou outra força externa tornaria o experimento impossível. Por isso, quando o equipamento de Michell chegou a suas mãos, ele não o achou "tão conveniente quanto o esperado" e escreveu: "Decidi refazer a maior parte dele."

"Conveniente" era um eufemismo. Cavendish trabalhou arduamente e sem descanso para melhorar a precisão do aparato. A primeira coisa que fez foi aumentar as esferas – elas se tornaram esferas de 30,50cm, pesando 158,76kg cada uma. Mesmo assim, permanecia essencial protegê-las de forças externas – mas isso, felizmente, era algo que Cavendish estava preparado para fazer. A necessidade de reduzir e controlar essas forças tornou-se o desafio perfeito para sua natureza obsessiva.

O problema mais difícil e imediato envolvia diferenças de temperatura na sala. Se uma parte do equipamento estivesse um pouco mais quente que o ambiente ao seu redor, o ar à sua volta subiria, provocando na sala correntes de ar que moveriam o braço de madeira. Até mesmo o calor de uma pessoa na sala seria completamente inaceitável, assim como o de uma lâmpada.

> Convencido da necessidade de evitar essa fonte de erro, resolvi colocar o aparato em uma sala que permaneceria constantemente fechada, e observar o movimento do braço de madeira pelo lado de fora, com a ajuda de um telescópio; e suspender os pesos de chumbo de tal maneira que pudesse movê-los sem entrar na sala.

Portanto, Cavendish instalou o aparelho de caixa e esfera de Michell, já refeito, na sala fechada de uma pequena construção no seu jardim, em

Clapham. Mas, para poder operar o experimento sem entrar na sala, teve de projetá-lo melhor. Cavendish remontou o par de pesos maiores em um sistema de roldanas para que eles pudessem ser movidos, gradual e lentamente, pelo lado de fora da sala (Figura 5.1). Usando a chamada escala Vernier, ele fixou em cada ponta do braço ponteiros de marfim capazes de determinar sua posição em menos de 0,025cm, e instalou telescópios nas paredes para que esses dados pudessem ser lidos de fora da sala. Mas, como pretendia realizar o experimento sobretudo no escuro, instalou uma lâmpada acima de cada telescópio com lentes para focalizar a luz através de uma pequena janela de vidro e sobre os ponteiros.

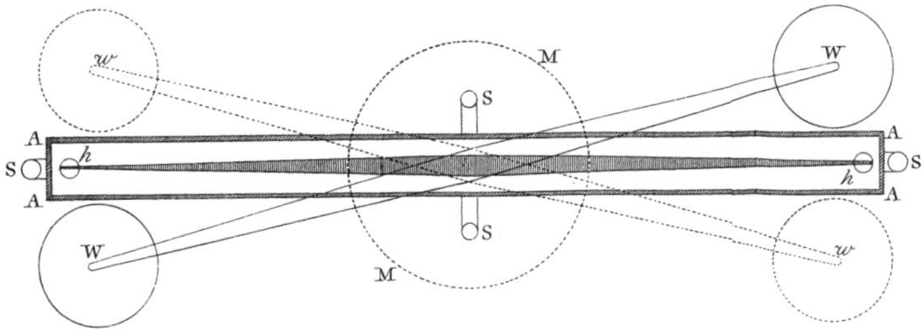

Figura 5.1. Diagrama de Cavendish mostrando um par de esferas pequenas montadas em cada extremidade de uma haste encaixada num estojo. Um par de esferas mais pesadas era posto para se movimentar perto do primeiro par.

Para realizar o experimento, ele moveria os pesos maiores próximos à caixa contendo os pesos menores montados nas extremidades do braço de madeira. A atração entre esses pesos puxaria o braço, fazendo-o mover-se. Medir a pequena oscilação resultante poderia levar até duas horas e meia de observação cuidadosa e contínua.

Ao refazer o equipamento com esse grau extremo de precisão, Cavendish enfrentou a chamada "barganha do experimentador". Cada peça deveria ser apenas tão resistente e precisa quanto o necessário, e nada mais – pois melhorá-las poderia ter efeitos indesejáveis para outra parte do equipamento. Aumentar o tamanho das esferas presas ao braço de madeira, por exemplo, aumentaria o efeito, mas também reduziria a precisão, ao forçar o braço e o arame que o suspendia. Se ele reforçasse o braço para compensar, isso colocaria uma tensão maior no arame. Reforçar o arame para compensar ampliaria a força exigida para mover o feixe, reduzindo a sensibilidade do experimento – e eliminando o efeito causado por esferas maiores. O gênio de Cavendish estava em saber exatamente que barganha fazer em cada parte para maximizar tanto o efeito quanto a precisão do equipamento como um todo.

Embora a maior preocupação de Cavendish fosse com as correntes de ar, ele também se preocupava com a contribuição da atração gravitacional das varas de metal usadas para suspender os pesos maiores e balançá-los perto dos menores. Isso fez com que removesse os pesos e medisse a atração das varas por si mesmas, e então as substituísse por varas de cobre, para ver se exerciam atração magnética. Cavendish se perguntou se o arame que usava para suspender o braço de madeira era suficientemente elástico; testou o arame e, mesmo depois que os resultados mostraram que ele era suficientemente elástico, substituiu-o por outro mais adequado. Preocupado com que as esferas de metal de 5cm absorvessem uma pequena quantidade de magnetismo por serem orientadas da mesma maneira no campo magnético da Terra por um longo tempo, ele as girou para contrabalançar esse efeito, e então as recolocou, com ímãs, para medir qual seria a atração se o magnetismo estivesse de fato presente. Esse é um exemplo do que chamamos de "vigilância do cientista": se você suspeitar da presença de um efeito causador de distúrbios em seu experimento, amplie-o até poder medi-lo e compensá-lo cuidadosamente. Cavendish suspeitou de que havia atração gravitacional entre a caixa de mogno que cercava o braço de madeira, as esferas maiores e as esferas menores, e mesmo quando suas medições indicaram que a atração era insignificante, ele dedicou um apêndice inteiro de seu relatório a tal aspecto. Tudo isso exigia mais que meticulosidade. Para saber o que acontecia em cada caso, e ser capaz de isolar, medir e compensar cada força que afetasse o experimento, Cavendish tinha de recorrer ao seu vasto domínio do conhecimento científico de seu tempo, desde a eletricidade e o magnetismo até a condução de calor, a matemática e a gravitação.

Cavendish conhecia a densidade dos dois pares de esferas e a força de atração entre as bolas e a Terra. Assim que estabeleceu a força de atração entre os dois pares de esferas, pôde usar a razão da atração entre esses objetos e suas densidades para determinar a densidade global da Terra. "Por meio dos experimentos", Cavendish concluiu, "resulta que a densidade da Terra é 5,48 vezes maior que a da água" – um resultado, como ele acrescenta com evidente satisfação, que é determinado "com grande exatidão". Com alguma alegria, ele apontou a discrepância entre esse resultado e aquele concluído 25 anos antes com tantas fanfarras em Schiehallion, um achado "que se diferencia mais do resultado anterior do que eu esperava". Mesmo assim, Cavendish afirmou com cautela e modéstia características que se absteria de julgar "até que tenha examinado mais cuidadosamente quanto o resultado anterior é afetado por irregularidades cuja quantidade sou incapaz de medir".

No começo do relatório, Cavendish havia mencionado que uma fonte potencial de correntes de ar criara "um defeito que pretendo corrigir em experimentos futuros". Evidentemente, ele via o experimento inteiro como um trabalho em progresso, um descanso temporário numa busca de maior precisão. Estava cheio de ideias para melhoramentos.

Mas ele jamais realizaria o experimento novamente, embora muitos outros o tenham feito. No século seguinte, os cientistas recriariam seu experimento muitas vezes, com novas técnicas, sempre procurando maior precisão – mas com melhorias insignificantes. Por incrível que pareça, o maior erro em seu experimento acabou sendo um erro matemático banal, que foi encontrado muito depois por um cientista.

Porém, algo estranho aconteceu com o experimento ao longo de uma centena de anos: seu propósito evoluiu. O valor da densidade total da Terra se tornou menos importante cientificamente do que o valor de um termo na equação que é a maneira moderna de se formular a lei da gravitação universal de Newton. Em termos modernos, Newton havia dito que a força gravitacional de atração F entre dois corpos esféricos de massa M_1 e M_2 separados por uma distância R depende do produto de suas massas dividido pela distância entre eles ao quadrado – multiplicado pela constante que representa o poder da força gravitacional, conhecida como "G". Isto é, $F= GM_1M_2/r^2$. Embora Cavendish não conhecesse as leis de Newton sob essa forma, c a importantíssima constante G não apareça em seu relatório, cientistas futuros perceberam que G era facilmente mensurável a partir desse experimento maravilhosamente preciso – e o experimento foi rapidamente realizado com esse propósito, e não mais com o de determinar a densidade da Terra. Como um cientista que realizava o experimento escreveu, em 1892: "Diante do caráter universal da constante G, parece-me que descrever o propósito deste experimento como a descoberta da massa da Terra ou da densidade da Terra, ou, menos precisamente, do peso da Terra, é descer do sublime ao ridículo."[11]

Quase 50 anos depois da morte de Cavendish, na década de 1870, um laboratório agora famoso portando seu nome foi construído na Universidade de Cambridge, graças a uma doação do reitor da universidade, parente distante de Cavendish.

Hoje, estudantes ainda realizam o experimento de Cavendish com os mesmos elementos básicos, mas com técnicas métricas mais avançadas, como lasers que ricocheteiam de espelhos fixados às esferas ou à haste de madeira, para indicar sua deflexão. Realizado da forma correta, este experimento revela o poder da força que mantém toda a matéria – todo o Universo – unida. Com este resultado, podem-se descobrir o comportamento de objetos na órbita terrestre, o movimento dos planetas do sistema solar e o movimento das galáxias desde o tempo do big-bang.

O sempre ambivalente Wilson escreveu na biografia:

> Ele foi um dos benfeitores não recompensados de sua raça, que pacientemente ensinava e servia aos homens enquanto eles se distanciavam de sua frieza, ou gozavam de suas peculiaridades. Ele não podia cantar para eles uma canção doce, ou criar "algo belo" que seria "uma alegria eterna", ou tocar seus corações, ou inflamar seus espíritos, ou aprofundar sua reverência ou seu fervor. Não era poeta, padre ou profeta, apenas uma inteligência fria e clara, projetando sobre o mundo uma pura luz branca, que clareava tudo o que tocava, mas a nada esquentava – uma estrela pelo menos de segunda, se não de primeira magnitude, no firmamento intelectual.[12]

A beleza criada por Henry Cavendish era de uma ordem diferente. O instrumento que usou era deselegante; seu processo, tedioso; e sua matemática, complexa. Apesar disso, em virtude de sua incansável severidade metódica, da forma que ele continuou extirpando fontes de erro e substituindo peças supérfluas até que o objeto de sua busca aparecesse, o experimento de Cavendish ergue-se sozinho em sua metódica, nua e austera beleza.

Interlúdio 5

Integrando ciência e cultura popular

Na verdade, a balada gaélica que Maskelyne menciona, *A Bhan Lunnainneach Bhuidhe*, nada tem a ver com ciência, nem com o experimento de Schiehallion para medir a densidade da Terra, nem com a festa que aconteceu depois. A balada, escrita por um violinista durante a festa, é sobre o violino do músico ("Minha fortuna e minha querida") que virou cinza no incêndio iniciado pelos foliões. Maskelyne aparece apenas porque cumpriu a promessa de substituir o violino.

Em resumo, a balada é mais um exemplo de como a ciência é usada pela cultura popular. Nos filmes, por exemplo, a ciência geralmente surge como pretexto para alguma outra coisa – uma perseguição, um conflito do bem contra o mal –, com a ciência em si recuando para segundo plano. Personagens que são cientistas aparecem em uma pequena palheta de papéis superficiais, tais como o inteligente, porém maligno, vilão e o *nerd* – uma pessoa brilhante em um campo técnico, mas incompetente nas outras coisas, pouco amigável e socialmente inepto. Nos filmes *E.T.* e *Splash!*, os frios cientistas sem emoções quase matam o vital, mas de alguma forma indefeso, protagonista.

Muito está em jogo na forma como a arte e a cultura popular assimilam a ciência e as questões científicas, pois ambas são espaços importantes em que a sociedade processa suas ambições e ansiedades. Portanto, a dificuldade que a arte e a cultura popular têm de integrar bem a ciência e as questões científicas é perturbadora, diante do papel fundamental que a ciência representa na vida, com a qual forma um tecido inextricável, desde os tempos de Galileu. Os estereótipos constantemente reciclados da ciência como fria e distante fazem com que ela pareça remota, impessoal – portanto, ameaçadora e potencialmente perigosa. Esses estereótipos também sabotam qualquer tentativa de se apresentar a beleza na ciência, porque nos impedem de ver como ela, ciência, permeia profundamente o mundo e suas maravilhas.

É difícil até para os artistas bem-intencionados integrar a ciência em seus trabalhos. Se você acha que apreciar a beleza de experimentos científicos requer preparação, deveria ver certas peças de arte inspiradas pela ciência. Muitos exemplos estavam à mostra em 2003, no quinquagésimo aniversário da descoberta da estrutura do DNA, quando várias exposições de arte se dedicaram a esse tema. Essas exposições levaram a crítica de arte do *New York Times*, Sarah Boxer, a comentar que, "assim como o DNA, a arte de DNA precisa ser decodificada". Ela comparou sua experiência em algumas galerias de arte a assistir a uma ópera com alguém ao lado constantemente sussurrando em seu ouvido o que cada frase significa. "Se você quiser entender as conexões do DNA", escreveu, " vai precisar ler muito."[1]

O teatro é um bom meio para integrar a ciência, dadas as complexas situações humanas que pode representar. No entanto, mesmo ali as verdades históricas e científicas são alteradas para tornar a situação humana plausível, ou mesmo apresentável. Um exemplo é a peça de Heinar Kipphart, *In the Matter of J. Robert Oppenheimer*. Ela se baseia nas transcrições do famoso depoimento de Oppenheimer, em 1954, quando o homem que foi o maior responsável pelo Projeto Manhattan teve sua tentativa de restaurar seu visto negado, principalmente porque havia criado inimigos com sua oposição inicial à bomba de hidrogênio, mas também por causa de sua antiga posição política de esquerda. Mas Kipphart, achou necessário inventar um discurso final fictício para Oppenheimer e fazer outros ajustes, aos quais Oppenheimer se opôs vigorosamente. (Oppenheimer trabalhou com um ator e um diretor francês para modificar o trabalho de Kipphart, mas o resultado, com toda a precisão histórica, era desprovido de vida.)

Entre os escritores cujo trabalho é cientificamente sensível – o que significa utilizar com eficiência termos, imagens ou ideias científicas para o efeito teatral –, está Tom Stoppard, em peças como *Hapgood* e *Arcádia*. Entre os cientistas cujo trabalho é teatralmente sensível – o que significa utilizar com eficiência o teatro para dramatizar questões científicas –, um exemplo é Carl Djerassi em sua peça *The Immaculate Misconception* e Djerassi e Roald Hoffmann na peça de ambos, *Oxygen*.

Uma das poucas peças a integrar plenamente ciência e teatro é *Copenhagen*, de Michael Frayin, cujos três protagonistas são dois cientistas, Werner Heisenberg e Niels Bohr, e a esposa de Bohr, Margarethe. Muito se falou dessa peça porque ela coloca pessoas da plateia no palco – elas ficavam sentadas em pedestais, como se estivessem num tribunal, olhando para a plateia –, sugerindo que cada observador é observado e nenhum observador pode observar a si mesmo, num equivalente teatral do princípio da incerteza. Isso não é, penso eu, o melhor modo de salientar a originalidade da peça, pois a consciência do eu em ações teatrais é tão velha quanto o próprio teatro. Mas o que é admirável e constitui a chave para o sucesso na integração da ciência na peça é o papel de Margarethe. Ela desempenha de certa forma a função do antigo coro; ela é a nossa representante. Mas não é apenas uma observadora, uma leiga interessada e compreensiva que exige se manter informada dos acontecimentos que a cercam. Ela está comprometida com esses acontecimentos e, literalmente, ajuda a compor alguns deles. Niels Bohr achava que escrever era extremamente difícil – a ponto de acharem que ele tinha algum tipo de dislexia –, e a maior parte de seu trabalho e correspondência foi ditada a terceiros, incluindo Margarethe. Portanto, ela era, pelo menos em parte, uma cúmplice, e não tinha qualquer ilusão de ser capaz de dar um passo atrás e observar de longe os acontecimentos que questiona.

Margarethe serve então para nos lembrar de como estamos comprometidos com a ciência. Alguns se aproximam dela como se fosse nada mais que uma corporação gigante que fez seu ninho no mundo social. Mas a ciência está tão intimamente mesclada à sociedade contemporânea – é tão essencial para a nossa compreensão de nós mesmos e do mundo – que é impossível tomar esse tipo de distância com relação a ela. Ciência é menos como uma corporação e mais, por exemplo, como todo o sistema de comércio: qualquer modificação desse sistema se espalharia como uma onda pela sociedade humana por intermédio de uma miríade de formas em geral imprevisíveis. Essa íntima e inseparável relação entre a ciência, a sociedade humana e seu entendimento sugere que *Copenhagen* não precisa ser uma exceção – que centenas de peças como essa poderiam ser escritas. Também implica que a ciência está mais presente do que imaginamos entre as belezas que já possuímos.

Diagrama de Young de um padrão de interferência (abaixo) produzido pela luz (acima) ao atravessar duas fendas muito próximas.

6

A luz como onda
A lúcida analogia de Young

O inglês Thomas Young (1773-1829) recebeu uma educação bem restrita como membro da Sociedade dos Amigos (Quacres). Ao completar 21 anos, havia desistido de praticar religião e divertia-se muito com a música, as artes, passeios a cavalo e bailes. Mas muito de sua personalidade foi influenciado por seu passado quacre, que lhe deu pontos fortes e fracos. Seguindo o ideal quacre, ele era franco, cortês e direto, com uma mentalidade independente e tenaz. Essas características ajudaram-no a descobrir o caráter ondular (ou "ondulatório", na linguagem da época) da luz – que desafiou de modo fundamental a definição de Newton, segundo a qual a luz é composta de partículas (ou "corpuscular"). Mas Young também tinha a propensão quacre a ser lacônico a ponto de parecer frio. Ele frustrava os outros ao expor uma vaga conclusão sem se importar em explicar seu raciocínio. Muitas vezes essa atitude prejudicou sua carreira e a acolhida a seu trabalho.

Ao mesmo tempo, a tendência a ser direto e econômico se refletia em sua habilidade para criar demonstrações simples, porém irrefutáveis. A mais famosa foi seu experimento da dupla fenda – chamado simplesmente de "experimento de Young" hoje em dia –, uma prova brilhante e simples de que a luz se comporta, a despeito da crença de Newton, como uma onda, em vez de um jato de partículas. O experimento de Young é um exemplo clássico de sucesso do uso de analogias na ciência. Ao mostrar claramente que a luz age de forma ondulatória, ele produziu um "flash ontológico" – o desvelamento de um novo significado a partir do qual as coisas surgem diferentes de como eram vistas antes.[1]

Young tornou-se conhecido como um prodígio pouco depois de seu nascimento, em 1773. Aos dois anos aprendeu a ler; aos seis, já havia lido a Bíblia do início ao fim – duas vezes – e tinha começado a aprender latim sozinho. Logo aprendeu mais de uma dúzia de línguas. Ele foi um dos primeiros a decifrar hieroglifos egípcios, e teria um papel crucial na decifração da pedra de Roseta.[2]

De 1792 a 1799, Young estudou medicina, mas no final não teve êxito em sua prática, em parte por causa de sua inabilidade para confortar os doentes. Durante esse período, Young se interessou pela visão e especialmente pela estrutura do olho humano, uma lente extremamente complexa e adaptável. Outros estudos médicos despertaram seu interesse pelo som e a voz humana, e ele começou a pensar se o som e a luz não seriam basicamente similares. Sabia-se que o som é produzido por ondas no ar, e Young convenceu-se de que a luz também consistia em ondas. Isso desafiava a teoria predominante de que a luz era constituída de minúsculas partículas – o termo usado por Newton era "corpúsculos" – que viajavam em linha reta até o olho.

Alguns aspectos ondulatórios da luz haviam sido apontados por vários cientistas na década de 1660. Um deles era a difração: o cientista italiano Francesco Grimaldi percebeu que, quando a luz passa através de uma pequena fenda na parede, as extremidades da sua fina faixa brilhante ficam ligeiramente borradas, sugerindo que a luz difrata, ou se curva ligeiramente, em torno da abertura da fenda. Outro aspecto era a refração, ou a curva de um raio de luz ao entrar em outro meio, o que o inimigo de Newton, Robert Hooke, afirmava que poderia ser mais bem explicado caso a luz consistisse em ondas, em vez de corpúsculos. E o cientista dinamarquês Erasmus Bartholin discutira o estranho fenômeno da refração dupla, observado em um tipo de cristal encontrado numa expedição à Islândia em 1668. Quando um raio de luz atingia a calcita, como esse cristal viria a ser conhecido, dividia-se em dois raios que se comportavam de forma diferente – um fenômeno que confundia os cientistas da época e parecia difícil de explicar pela teoria corpuscular.

Mas esses efeitos eram pequenos – tão mínimos que os cientistas tentavam ignorá-los – e não estava clara a relação entre eles, se é que havia alguma relação. Newton, em especial, havia apresentado argumentos persuasivos contra a concepção de que a luz era ondular, apontando as muitas observações que contradiziam essa visão, e esperava que alguma outra explicação fosse encontrada para as pequenas anomalias de difração e refração. Como Newton escreveu em sua *Óptica*, de 1704, as ondas não viajam em linhas retas, elas se curvam ao redor de objetos que ficam em seu caminho – o que a luz não parece fazer.

> As ondas na superfície da água estagnada, passando ao redor de um obstáculo largo que bloqueia uma parte delas, curvam-se logo após e dilatam-se

> gradualmente para a água calma atrás do obstáculo. As ondas, os pulsos ou as vibrações do ar, em que o som consiste, manifestam sua curvatura, mas não tanto quanto as ondas d'água. Pois um sino ou um canhão podem ser ouvidos do outro lado da montanha que interrompe a visão do corpo sonoro; e os sons se propagam igualmente por canos tortos e retos. Mas nunca se viu a luz seguir passagens tortas. ... Pois as estrelas fixas, interpostas por quaisquer dos planetas, deixam de ser vistas...[3]

Apesar da autoridade de Newton, Young ficou fascinado com a ideia de que o som e a luz eram fenômenos análogos. Já que sua prática médica exigia pouco de seu tempo ou de seu interesse, ele pôde se dedicar a pesquisas científicas sobre esse tema. Young comparecia regularmente às reuniões da Royal Institution, organização formada havia pouco tempo, cujo propósito era difundir "o conhecimento de melhorias mecânicas úteis" e "ensinar a aplicação da ciência a propósitos úteis na vida". Ele desistiu da medicina em 1801 para integrar a equipe dessa instituição como professor. Uma das suas principais obrigações era preparar uma série de palestras para os integrantes da sociedade sobre "Filosofia natural e as artes mecânicas". Essas palestras ilustram os pontos fortes de Young como cientista de carreira. Na verdade, elas são minas de ouro para os historiadores de hoje, pois resumem de forma exata e concisa quase todo o espectro do conhecimento científico de seu tempo. É difícil pensar em um ramo da ciência no qual Young não fosse tão bem informado quanto um especialista. Além disso, ele usava as palestras para introduzir muitos novos conceitos fundamentais. Em uma delas, sua plateia ouviu a palavra "energia" usada pela primeira vez em seu sentido científico moderno. Apesar disso, as palestras devem ter sido um martírio para os ouvintes, pois o estilo sucinto de Young, juntamente com a grandeza de seus temas, fazia delas um exaustivo e acelerado *tour de force*. De fato, Young ficou apenas dois anos como professor da Royal Institution. Ele encontrou um cargo mais adequado para seus talentos em 1802, quando a Royal Society o admitiu como secretário do Exterior. Ele manteve pelo resto de sua vida esse posto, no qual pôde tirar proveito do seu domínio de várias línguas.

Um ano antes de entrar para a Royal Institution, em 1800, Young havia publicado seu primeiro grande relatório explorando a analogia entre som e luz, "Resumo de experimentos e indagações sobre som e luz".[4] Muitos anos se passariam antes que ele fizesse o experimento que levaria seu nome e que confirmaria aquela analogia. Mas o relatório de 1800 foi um importante passo inicial e um marco da literatura científica, pois descreveu pela primeira vez o conceito de interferência no qual seu famoso experimento se baseou: o modo como, quando duas ondas se cruzam, os movimentos resultantes combinam o efeito dos movimentos de cada onda separadamente. "Interferência" é um nome infeliz para esse fenômeno, já que sugere algo ilegítimo, corrupto, ou degradado, quando o que realmente acontece é que as duas ondas se combinam para criar algo novo. Talvez, por reconhecer isso, às vezes ele tenha usado o termo mais elegante "coalescência" .

Newton tinha antecipado parcialmente a ideia de interferência quando explicou as marés em Batsha, um porto do reino de Tonkin, próximo à Haipung moderna, no Vietnã. Buscando comércio com Tonkin, mercadores britânicos do século XVII sabiam que as águas costeiras ao seu redor eram algo fora do comum. Em 1684, um viajante inglês que passara bastante tempo em Batsha publicou uma carta no *Philosophical Transactions* descrevendo o curioso padrão das marés: a cada 14 dias, não havia maré alguma – o nível da água não subia ou descia naquele dia –, e, nesse ínterim, apenas uma maré, que lentamente subia a seu pico depois de sete dias e então recuava. Esse estranho comportamento atraiu o interesse de cientistas, e Newton propôs uma explicação em sua obra-prima, *Principia* (1688). As marés oceânicas, disse ele, chegavam ao porto vindas de dois mares diferentes – o mar da China e o oceano Índico –, através de canais de larguras diferentes, o que fazia com que uma chegasse em 6 horas e a outra, em 12. Este efeito combinado – a maré alta de um lado, com frequência compensada pela maré baixa do outro – eliminava uma maré, e duas vezes a cada mês lunar eliminava ambas, deixando o nível da água inalterado.[5] Mas, embora isso seja visto hoje como um exemplo de interferência de onda, Newton não generalizou sua ideia, nem viu esse fenômeno como uma propriedade das ondas: em vez disso, ele o considerou uma superposição de movimentos especiais que apenas ocorreriam em um determinado lugar.

O trabalho escrito por Young em 1800 apenas debate o conceito de interferência em conexão com ondas sonoras, ainda sem generalizá-lo explicitamente para a luz, embora grande parte do trabalho fosse sobre ela. No entanto, seu achado foi identificar a interferência, vê-la como uma característica básica do movimento ondulatório, e entender que acontecia simultaneamente em muitos lugares nos quais as ondas se cruzavam. Porém, a descrição por ele apresentada ofuscou a originalidade do conceito e até mesmo seu papel nessa descoberta. Young não chamou atenção para o conceito – ele apenas se referiu ao fato de que, quando as ondas sonoras se cruzam, cada partícula do meio (moléculas de água ou de ar, por exemplo) toma parte em ambos os movimentos. Ele não reivindicou prioridade por sua descoberta, fazendo com que ela soasse óbvia e bem estabelecida, e modestamente introduziu-a ao corrigir o trabalho de outro cientista.[6]

No ano seguinte, Young ampliou o conceito de interferência para a água e a luz. Ele escreveria depois:

> Foi em maio de 1801 que descobri, ao refletir sobre os belos experimentos de Newton, uma lei que a mim parece levar em conta uma variedade maior de fenômenos interessantes do que qualquer outro princípio óptico de que se tenha conhecimento.
>
> Vou tentar explicar essa lei por comparação. Imagine que um número de ondas de água iguais mova-se sobre a superfície de um lago estagnado, com alguma velocidade, e entrem em um pequeno canal que leva para fora do lago. Suponha agora que uma outra causa similar tenha provocado outra série igual de ondas, que chegam ao mesmo canal, com a mesma velocidade e ao mesmo tempo que a primeira. Nenhuma das duas séries de ondas irá destruir a outra, mas seus efeitos se combinarão: se entrarem no canal de tal maneira que as elevações de uma série coincidam com as da outra, elas devem juntas produzir uma série maior de elevações; mas se as elevações de uma série situam-se de forma a corresponder às depressões da outra, elas devem cobrir exatamente aquela depressão, e a superfície deve continuar tranquila; pelo menos eu não posso discernir nenhuma alternativa, tanto por meio de teoria como do experimento.
>
> Agora, imagino que efeitos similares ocorram sempre que duas porções de luz se juntam, e a isso eu chamo de lei geral da interferência da luz.

Na interferência das ondas d'água, os picos – o termo técnico é "amplitude" – de ondas diferentes podem se combinar para reforçar uma à outra, formando pontos de maior elevação, ao passo que, na "interferência destrutiva", os vales de ondas diferentes podem se combinar para deixar a superfície da água inalterada. Algo similar ocorre no caso da interferência da luz, na qual a amplitude de uma onda de luz é relacionada à sua intensidade. Sempre que amplitudes de ondas luminosas em interferência se combinam para reforçar uma à outra, elas formam pontos de maior intensidade luminosa; sempre que essas amplitudes estiverem em direções opostas, elas se cancelam e formam pontos escuros.

Young pôs o conceito de interferência em operação de modo a esclarecer muitos fenômenos curiosos. O mais dramático desses foi sua explicação para os anéis de Newton, as séries de anéis concêntricos que surgem quando uma lente convexa é pressionada sobre um prato de vidro. Young estendeu a descrição de Newton sobre esses anéis ao mostrar que suas áreas escuras eram produtos de interferência destrutiva.

E embora as explicações de Young fossem por vezes obscuras, suas demonstrações não o eram; elas eram claras, simples e surgiam de seu conhecimento completo do tema. Em 1803, por exemplo, ele leu para a Royal Society um relatório intitulado "Experimentos e cálculos relativos à física óptica", que começava da seguinte forma:

> Ao fazer alguns experimentos nas extremidades das cores que acompanham as sombras, eu as vi como uma prova tão simples e demonstrativa da lei geral de interferência da luz ... que acho certo entregar aos pés da Royal Society uma curta exposição dos fatos que a mim parecem tão decisivos. ... Os experimentos que estou a relatar ... podem ser repetidos com muita facilidade sempre que o Sol brilhar, e sem aparatos que não estejam à mão para todos.[8]

No primeiro desses experimentos, Young usou uma agulha para fazer um furinho no papel grosso que tinha usado para cobrir a janela, deixando um pequeno raio de luz cair sobre a parede oposta. Ao interceptar um raio de Sol com "uma tira de cartolina de cerca de 1/13 de 2,50cm de largura", criou-se uma pequena sombra com bordas coloridas, não apenas de cada lado da sombra, mas difratadas na própria sombra. Nessa sombra, ele observou a série de faixas paralelas brancas e pretas que são hoje conhecidas como a marca típica de um padrão de interferência.

Em suas palestras na Royal Institution, publicadas em 1807, seus diagramas e demonstrações eram espetaculares. Sua 23ª palestra, "Sobre a teoria hidráulica", aplica o conceito de interferência a ondas de água. Para acompanhá-la, ele construiu um tanque raso com duas fontes de ondas. Os picos e vales de dois pares de ondas criam um grande padrão estacionário que torna o padrão de interferência claramente visível. O equipamento foi o protótipo do tanque de ondas familiar para a maioria dos alunos de física do ensino médio (Figura 6.1).

E em sua 39ª palestra, "Sobre a natureza da luz", Young aplica o conceito de interferência luminosa. Acompanhando essa palestra, ele criou uma

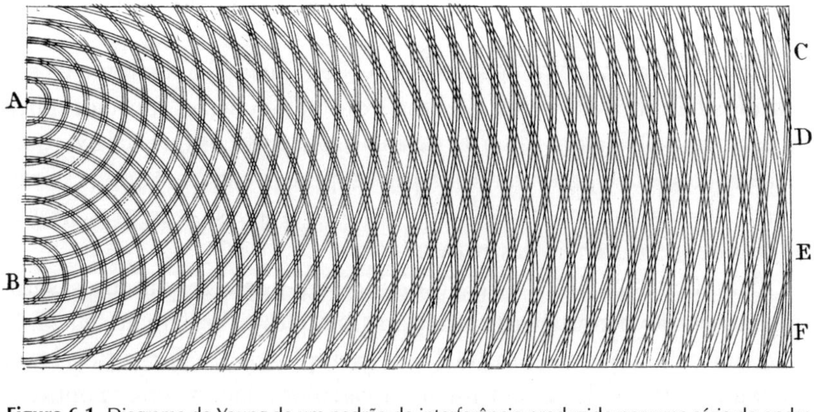

Figura 6.1. Diagrama de Young de um padrão de interferência produzido por uma série de ondas com duas fontes.

demonstração que não é apenas o modo mais direto de ilustrar essa interferência, mas também a demonstração clássica da luz agindo como uma onda. Young descreveu sua demonstração da seguinte forma:

> Um raio homogêneo de luz pousa sobre uma tela que possui dois pequenos buracos ou fendas, que podem ser considerados centros de divergência, de onde a luz é difratada em todas as direções.

Os dois buracos ou fendas se tornam, com efeito, duas fontes de ondas, como as duas fontes no tanque de ondas. Enquanto no tanque de ondas buscamos o padrão de interferência, vendo na água dois grupos de círculos superpostos, com linhas que se irradiam para fora a partir de um ponto entre as duas fontes, nesse experimento vemos o padrão quando a luz cai sobre a tela.

> Neste caso, quando dois raios são recebidos pela superfície posta para interceptá-los, sua luz é dividida por faixas escuras em porções quase iguais, mas que se tornam mais largas à medida que a superfície se afasta da abertura, e que criam ângulos quase iguais a partir das aberturas para todas as distâncias, os quais vão se alargando também na mesma proporção da distância entre as aberturas.[9]

O padrão de interferência agora consiste em linhas paralelas de luz, com as faixas claras que representam áreas onde as ondas luminosas reforçam umas às outras, e as faixas escuras figurando as áreas onde elas agem de forma destrutiva umas com relação às outras.

Li em livros de ciência popular que esse experimento pode ser feito em casa – só é necessário ter uma lanterna, um pino, alguns pedaços de cartolina e uma sala escura. Não acredite nisso; eu levei uma tarde inteira tentando. Esse experimento pode ser reproduzido, mas é preciso muito cuidado para realizá-lo do jeito certo. É fácil não ver as faixas ou ver no máximo sombras produzidas pela difração – pela luz curvando-se nas extremidades da cartolina, ou ao redor de imperfeições nas fendas que você fez, se for um pouquinho desajeitado. É possível realizá-lo com papel, cartolina e uma navalha, mas é importante que ela esteja afiada – alguns fabricantes de material de ensino de ciências fazem quadrados plásticos com fendas para este propósito. Mas fazê-lo da maneira certa é tão difícil que o historiador da ciência Nahum Kipnis, ao ler com cuidado as palestras de Young, percebeu, por meio da prosa em estilo quacre de simplicidade desarmante, que até o próprio Young havia confundido pelo menos uma vez um padrão de difração com um padrão de interferência.[10]

Seria gentil dizer que a demonstração de Young foi um evento marcante para o triunfo da teoria ondulatória sobre a teoria de partículas, e que convenceu a todos que tinham olhos para ver. Mas infelizmente esse não foi o caso, por várias razões.

O primeiro motivo foi, novamente, o estilo de Young. Apesar de ter feito as medidas com precisão e de seus cálculos estarem matematicamente corretos, ele raramente se dava ao trabalho de explicar seu raciocínio, registrar suas medidas, ou mesmo proporcionar descrições extensivas de seus experimentos. Isso parece ter impedido que muitos dos seus colegas o entendessem, ou pelo menos os impediu de serem persuadidos. Além disso, o modesto Young costumava se desviar do texto para não parecer que estava reivindicando originalidade com a teoria da luz ondulatória e o conceito de interferência. A certo ponto, em 1801, fazendo uma leitura bastante generosa dos escritos de Newton, Young afirmou que seu predecessor "foi na verdade o primeiro a sugerir a teoria que me empenharei em manter". Isso também prejudicou a apreciação da originalidade de suas ideias.

A segunda razão foi que Young teve a infelicidade de se tornar alvo de Henry Brougham, um destacado correspondente da *Edinburgh Review*, famosa revista literária. Brougham, que idolatrava Newton, atacou Young, que ousava discordar de seu mestre, num artigo sarcástico e anônimo, dividido em três partes. Um exemplo:

> Queremos saber se o mundo da ciência, que Newton um dia iluminou, é para ser tão mutável em seus costumes quanto o mundo da moda, que é dirigido pelo aceno de uma mulher tola ou de um tolo emperiquitado? Será que a Royal Society degradou suas publicações em folhetins de teorias novas e na moda para as senhoras da Royal Institution? *Proh pudor!* [Mas que desgraça!] Deixem que o professor continue divertindo sua plateia com uma variedade sem fim de gracejos insignificantes, mas, em nome da ciência, não o deixem ser admitido nesse venerável repositório dos trabalhos de Newton, Boyle, Cavendish, Maskelyne e Herschel.[11]

O habitualmente inalterável Young se enfureceu e respondeu, como era comum no século XIX, escrevendo um panfleto. Mas os cientistas em geral não estão muito bem equipados para realizar esse tipo de embate em público – eles são treinados para convencer outros cientistas, não o público –, e a resposta de Young, escrita em estilo irritado e seco, foi muito menos chamativa que o ataque. Cheia de clamores defensivos e tediosos, embora verdadeiros – como "Que ele faça o experimento, e depois negue o resultado se puder" –, a resposta de Young vendeu exatamente um exemplar de seu panfleto.

Como Young era pouco apto a promover suas ideias, a teoria ondulatória da luz se difundiu lentamente. Cerca de 15 anos depois da demonstração de Young, o cientista francês Augustin Fresnel redescobriu o fenômeno da interferência, desenvolvendo a variação do experimento da dupla fenda, na qual o raio de luz é separado em duas fontes por um prisma achatado, variação esta agora chamada de "Prisma duplo de Fresnel". (Desde então, como veremos novamente no Capítulo 10, o experimento de Young é feito em duas variações clássicas – usando-se o método de dupla fenda de Young e usando-se o prisma duplo de Fresnel.) O entusiasmo de cientistas franceses por este achado finalmente levou a comunidade científica em geral a aceitar a teoria ondulatória da luz – e a dar a Young o merecido crédito.

O fenômeno de interferência não apenas estabeleceu a teoria ondulatória da luz, mas proveu uma ferramenta muito útil para a investigação científica, já que um padrão de interferência é simples e facilmente reconhecido. Se um fenômeno pode exibir um padrão de interferência, esse fenômeno é ondulatório.

A teoria ondulatória ainda tinha problemas, pensava a maioria dos cientistas. Particularmente confusa era a questão do meio em que viajavam as ondas de luz. Ondas sonoras são ondas de ar, assim como ondas de água são ondas de água. Mas qual o meio análogo à luz? De *que* é a onda de luz? A resposta tradicional era a substância invisível chamada "éter" que supostamente permeava todo o espaço. Quando o olho humano via uma estrela, respondia na verdade à onda no éter que começou na estrela e ondulou pelo espaço, no éter, até desaguar na retina. Então, ao fim do século XIX, Albert Michelson e Edward Morley demonstraram que o padrão de interferência de raios de luz que viajavam em duas direções diferentes podia ser usado para medir quão rapidamente eles viajavam se comparados um ao outro. Sua incapacidade de detectar qualquer diferença foi tomada como um sinal de que o éter não existia e que ondas de luz, de alguma forma, não viajavam em meio algum. Seu experimento não transformou nossa compreensão da luz – que ainda se entendia como ondulatória – e também transformou nosso saber a respeito das ondas. O experimento de Michelson-Morley logo se tornaria uma peça importante de evidência para a teoria da relatividade de Einstein.

No século XIX, o experimento de dupla fenda de Young, ao ampliar a analogia da acústica para a luz, abriu caminho para a mudança do paradigma do entendimento da luz como partícula para o da luz como onda. No século XX, uma extensão ainda mais impressionante do experimento de Young seria criada – um terceiro experimento de dupla fenda, envolvendo não ondas de água ou ondas de luz, mas partículas. Essa aplicação extra da analógica ondulatória seria a demonstração mais consideravelmente simples do mistério da mecânica quântica – o experimento final deste livro, e aquele que muitos cientistas consideram o mais belo.

Interlúdio 6

Ciência e metáforas

O experimento de Young, cuja beleza vem da clareza com que ele faz um fenômeno – a luz – agir como outro – as ondas –, é um exemplo clássico do uso bem-sucedido da analogia na ciência. Mas a analogia (do grego "proporcional") e a metáfora (figura de retórica pela qual algo é falado como se de fato fosse outra coisa, palavra grega para "colocar mais longe") podem perturbar e interferir no pensamento. Por essa razão, os cientistas têm duas posições, por assim dizer, sobre seu valor.[1]

Alguns acham que analogias e metáforas, na melhor das hipóteses, distraem, e, na pior, confundem. "Quando pensar sobre a natureza", escreveu o biólogo Richard Lewontin, "cuidado com as metáforas." O físico Ernst Mach achou útil ser capaz de dizer que "o fato *A* aqui considerado se comporta ... como um velho e bem conhecido fato *B*", mas negou que tais afirmativas tivessem um papel estrutural na ciência. Como Mach, Pierre Duhem, físico e historiador da ciência, via metáforas e analogias como importantes ferramentas psicológicas, explicativas e educacionais. Mas, Duhem insistia, a ciência de verdade acaba descartando-as.

Usuários de metáforas e analogias, na sua opinião, agem como Abraão agiu com Moisés. Assim como o profeta Moisés extraiu conhecimento do desconhecido, conhecimento esse que seu irmão e representante Abraão, que convivia mais intimamente com a comunidade, então transmitiu para as massas, assim também os cientistas descobrem verdades sobre a natureza que educadores, divulgadores e jornalistas interpretam para os leigos e o público usando imagens e linguagem do dia-a-dia. Os antimetafóricos e antianalogistas as veem desempenhando um papel secundário, que envolve apenas a disseminação e a transmissão da informação, mas não a descoberta inicial do processo em si. Ciência, ciência de verdade, trata de algo que *é*, não daquilo com que algo se parece.

Outros, contudo, consideram as metáforas e as analogias tão profundamente mergulhadas no pensamento científico que são praticamente indispensáveis. "Provavelmente não é exagero algum dizer", exclama o físico Jeremy Bernstein, "que toda a física teórica procede por analogias." O físico John Ziman escreveu: "Não podemos pensar em *nada* sem ser por analogia e metáfora." Os favoráveis ao uso da metáfora e da analogia afirmam que, sempre que um cientista diz o que uma coisa é, ele também está, inevitavelmente, dizendo com que ela se parece e o que se parece com ela.

Esse tipo de conflito – no qual exércitos se aglomeram de ambos os lados de uma fronteira aparentemente definida e imutável – pode ser resolvido pela filosofia, cujo papel é detectar e expor confusões e ambiguidades que, para início de conversa, fazem tais fronteiras parecerem imutáveis. No caso das metáforas na ciência, um filósofo assinalaria instintivamente que nem sempre todas as metáforas funcionam da mesma maneira, ou pelas mesmas razões. De fato, as metáforas na ciência funcionam pelo menos de três maneiras diferentes.

O primeiro uso da metáfora é como um filtro. Considere metáforas clássicas como "o homem é um lobo" ou "o amor é uma rosa". Nelas, aquilo que se conhece como "objeto secundário" – lobo, rosa – chama a atenção do leitor para qualidades normalmente associadas com essas imagens (solitário e predatório, no caso do lobo; bonita mas espinhenta, no caso da rosa). O objetivo em ambos os casos é iluminar aspectos do "objeto primário" – o homem ou o amor – e filtrar de certa forma todo o restante. Metáforas que filtram permitem captar um entendimento instantâneo e inicial sobre o objeto primário. Mas como todos os filtros omitem coisas, elas podem ser enganadoras se forem levadas muito ao pé da letra. A ira de Lewontin, por exemplo, foi incitada pela referência de um colega ao DNA como o "programa" básico com o qual, ele afirmava, seria possível "computar" um organismo. Um organismo, Lewontin objetou corretamente, não é um computador. Mas a questão não era se a filtragem da metáfora foi inteiramente verdadeira em todos os sentidos, mas se ela proporcionou um flash rápido e intuitivo de entendimento sobre o assunto. O importante é seguir em frente, e o perigo está em encalhar ao encarar a metáfora de forma muito literal.

Um segundo uso de metáforas é criativo. Aqui a prioridade dos dois termos é invertida, pois o objeto secundário é usado para pôr em ação um grupo de equações já bem organizadas sobre o objeto primário – e ele se torna o termo mais destacado e tecnicamente correto, cujo significado frequentemente se expande durante esse processo, enquanto o objeto primário permanece apenas uma das suas formas derivadas. Quando Young e outros começaram a chamar a luz (o objeto primário) de onda (o objeto secundário), tivemos um exemplo desse tipo de analogia. O termo "ondas" originalmente se referia a um estado de distúrbio propagado por um grupo de partículas para outro grupo em um meio, como nas ondas de água e de som. Quando Young e outros começaram a chamar a luz de onda, eles admitiram que ela também se movia em algum meio, mas não tinham a mínima ideia de qual era esse meio (chamado, na falta de outros termos, de "éter").

No final do século XIX, os cientistas começaram a pensar que a luz se propagava na ausência de um meio – mas as mesmas equações governavam a luz, por isso ainda era correto descrevê-la como uma onda. "Onda" passou a ser o termo técnico correto, e se transformou no processo, pois o entendimento que os cientistas possuíam de "onda" mudou quando aplicado a uma perturbação que pode se propagar sem um meio (e mudou ainda mais quando as ondas apareceram na mecânica quântica). Este é o tipo de extensão análoga que Bernstein assinalou como procedimento básico da física teórica: procurar compreender aquilo que não é familiar, comparando-o a coisas conhecidas e adaptando nossas descrições do conhecido ao processo. Costumamos descobrir o que algo *é* ao descobrir com o que se parece. Os significados de nossos antigos termos então mudam para se tornar "como" o novo. "A acepção literal", frisou para mim um historiador da ciência, "é apenas uma metáfora para a metáfora". Ou, parafraseando um velho ditado: quem faz uma analogia inventa. O filósofo Eugene Gendlin chama isso de "assemelhando" [*just-as-ing*], um processo ativo no qual algo novo emerge da transformação do velho, e não de um processo no qual algo velho é imposto a algo novo.

Outro exemplo desse uso criativo da analogia na ciência envolve o conceito de energia. No início, a experiência subjetiva que os indivíduos possuem de si mesmos no centro da ação foi um fator de compreensão.[2] E em sua oitava palestra para a Royal Institution – "Sobre colisões" –, Young disse que "o termo energia pode ser aplicado, com grande propriedade, ao produto da massa ou peso de um corpo, como o quadrado do número que expressa a sua velocidade". Uma expressão que é escrita hoje como mv^2. Portanto, Young usou a palavra "energia" aparentemente pela primeira vez, em seu sentido moderno. Mas a "energia" de Young não é estritamente a nossa. É apenas o que podemos chamar de "energia cinética", e nem ao menos é formulado do modo como nós a concebemos (dizemos que é, na verdade, $\frac{1}{2} mv^2$, não mv^2). Essa evolução se estenderia pelo resto do século.

Um terceiro uso da metáfora busca recriar a visão original de algo.[3] Um exemplo é a famosa observação do físico Lewis Thomas de que a Terra não é como um organismo, porém, "como uma única célula". Outro exemplo de uma metáfora de recriação é o experimento mental do biólogo Stephen Jay Gould para "rever o vídeo da vida", no qual ele tenta reestruturar nossa percepção da evolução como uma escada de progresso ou um cone de crescente diversidade numa avaliação de sua contingência. "Você aperta o botão 'rebobinar', com a certeza de apagar tudo o que realmente aconteceu, e retorna a qualquer tempo e lugar no passado. ... deixe o vídeo correr novamente, e veja se a repetição se parece mesmo com o original."[4]

Essas três formas de usar metáforas na ciência não são rígidas, e em geral duas ou mais podem se combinar. Ainda assim, observá-las nos ajuda muito a compreender a divergência dos cientistas nesse terreno, sobre o qual dizem coisas aparentemente contraditórias.

Esclarecer a natureza do uso de metáforas é importante para entendermos a ciência e sua beleza. Uma razão para isso é que os objetos secundários de metáforas estão enraizados em nossa cultura e história. Os cientistas sempre trabalharam com conceitos e práticas transmitidos histórica e culturalmente. E sempre transformam, não transcendem, o que lhes foi dado pela cultura e pela história.[5]

Metáforas e analogias são formas concentradas nas quais os seres humanos aplicam tudo o que herdaram e desenvolveram para se projetar no futuro. Treinamento e experiência enchem nossas mentes com metáforas, que não podemos evitar de acrescentar ao novo, transformando o que sabemos, no processo. Assim, tanto pode ser verdade, como diz Ziman, que não podemos pensar sem metáforas, quanto, como Peter Galison disse em seu livro de 1997 *Imagem e lógica* – que se debate com analogias para explicar a relação pouco entendida entre teoria, experimento e instrumentos: "Todas as metáforas chegam ao fim."

Portanto, o usuário da metáfora não pode ser visto como aquele que desempenha o papel de Abraão, o ouvidor e representante de Moisés, profeta e revelador. Ou, se alguém insistir em colocar as coisas dessa maneira, deve reconhecer que a diferença entre profetizar e ouvir, entre a descoberta primária e a transmissão secundária, e entre dizer que algo *é* e com o que algo se *parece,* deixa de existir. Cada ato de pesquisa já é pensamento metafórico. Porque Moisés, pode-se dizer, atuou como Abraão para Deus.

Pêndulo de Foucault no Panthéon, em Paris.

7

A Terra gira
O sublime pêndulo de Foucault

O primeiro pêndulo de Foucault que vi foi no Instituto Franklin da Filadélfia, a cidade onde nasci. O pêndulo ficava pendurado – e ainda fica – no poço da escadaria principal. Seu fino cabo de arame era pregado ao teto quatro andares acima, enquanto um peso prateado deslizava silenciosamente de um lado para o outro, sobre o disco de uma bússola (recentemente substituído por um globo iluminado) embutido no chão. Ainda sei de cor a informação escrita num cartaz no primeiro andar: o cabo do pêndulo tem 25,9m de comprimento e seu peso – uma esfera de 58,42cm de diâmetro repleta de chumbo – pesa 816,48kg. O peso desliza de um lado para o outro em linha reta, silenciosa e suntuosamente, uma vez a cada dez segundos. O plano da sua oscilação move-se lentamente para a esquerda (no sentido dos ponteiros do relógio) a uma taxa imutável ao longo do dia: 9,6 graus por hora. O cartaz me informava que, embora o pêndulo parecesse mudar de direção, isso era falso: o pêndulo sempre oscilava exatamente na mesma direção em relação às estrelas. Mas, em vez disso, o que o visitante do museu realmente via era a Terra – e, com ela, o chão do edifício do instituto e a bússola no chão – girando por baixo do pêndulo.

O pêndulo foi instalado em 1934, quando o instituto mudou-se para o prédio atual. Sua instalação foi motivo de um desfile inusitado. O arame, que pesava apenas 4,08kg, não podia ser enrolado, mas tinha de ser mantido reto para prevenir torcidas e tensões que pudessem interferir com a oscilação. Portanto, foi transportado, inteiramente esticado, pelas ruas da Filadélfia, desde o fabricante até o novo prédio. A lenta e bizarra procissão de 11 homens carregando um arame comprido foi acompanhada por uma escolta policial e seguida por espectadores divertidos e repórteres.[1]

O pêndulo do Instituto Franklin assinalava sua mudança de direção ao derrubar, a cada 20 minutos aproximadamente, um dos pinos de aço de 10,16cm que marcavam os dois semicírculos no chão demarcando o contorno do disco. Sempre que eu visitava o instituto, era frequente abandonar alguma coisa com que estivesse brincando para me misturar à multidão que olhava a oscilação do peso prateado e observava os pinos, esperando ver um deles cair. Primeiro o peso tocaria de raspão um pino, fazendo-o estremecer. Algumas oscilações mais e o pino realmente balançava. Algumas, ainda, e a ponta do peso colidiria nele com força suficiente para fazê-lo balançar para a frente e para trás. Não faltava muito! Uma ou duas oscilações mais e o pino era derrubado – plim! –, e o peso recomeçaria a se arrastar em direção ao próximo pino. Às vezes eu ficava olhando só para o pêndulo, tentando obedecer ao que dizia o cartaz e obrigando-me a ver que era *eu* – e o chão sólido sob meus pés – que estava se movendo. Por motivos que não conseguia entender, nunca tinha muito sucesso nisso, embora o pêndulo me deixasse uma sensação de mistério e assombro.

O movimento do pêndulo estava inteiramente fora do meu controle, por ser, como eu sabia – então e agora –, uma performance inexorável. A única influência humana sobre ele era a de um funcionário que o fazia balançar pela manhã na direção norte-sul, pouco antes da abertura do museu às 10h. Eu chegava ao museu bem cedo e esperava as portas se abrirem para subir correndo a escada e chegar a tempo de assistir a essa operação. Mas sempre chegava atrasado. Uma vez disseram que um patrocinador do museu tinha conseguido que, como presente de aniversário, seu filho desse a partida no pêndulo naquele dia. Como invejei aquele menino! Outras crianças podem ter sonhado em dar a primeira tacada num jogo de beisebol. Eu sonhava em dar a partida no pêndulo de Foucault.

O cientista francês Jean-Bernard-Léon Foucault (1819-1868) nasceu em Paris. Quando jovem, construiu brinquedos científicos e mecânicos, e começou a estudar medicina com o intuito de explorar seus talentos práticos, tornando-se cirurgião – até descobrir sua aversão ao sangue e ao sofrimento. Seu interesse voltou-se para os instrumentos mecânicos e as invenções, e ficou fascinado pelos novos processos de imagem fotográfica desenvolvidos por seu colega também francês Louis Daguerre. Num trabalho em que explorou com sucesso suas habilidades mecânicas, Foucault se associou a outro ex-estudante de medicina, Hippolyte Fizeau, para aperfeiçoar o que era chamado de daguerreótipo, e que foi o ancestral da fotografia moderna. Os dois fizeram a primeira fotografia nítida do Sol em 1845, e então – primeiro trabalhando juntos e depois separados, por causa de um desentendimento pessoal – mostraram em 1850 que a velocidade da luz era maior no ar que na água, prosseguindo na tentativa de medir a velocidade absoluta da luz no ar. Ainda mais tarde, Foucault deu significativas contribuições à construção de espelhos para telescópios.

Foucault também tirou as primeiras fotografias de estrelas, uma proeza técnica para a época. Em geral, fotografavam-se objetos indistintos abrindo o diafragma da câmera por alguns minutos. Mas, como a Terra gira em torno do seu eixo, as estrelas parecem mover-se lentamente no céu, tornando impossível deixar simplesmente o diafragma aberto. Em vez disso, Foucault, revivendo uma ideia abandonada havia muito tempo, construiu um dispositivo semelhante a um relógio de pêndulo que manteria a câmera apontada para uma estrela durante o tempo suficiente para uma exposição – embora, em lugar de um peso pendurado a um fio, ele tenha usado uma barra de metal que vibrava como um pêndulo quando zunido. (Já li dezenas de artigos sobre pêndulos e falei sobre eles com muitos cientistas, e posso assegurar que o termo técnico para dar a partida em um pêndulo de barra de metal é "zunir".)

Grande parte desse trabalho foi feita em um laboratório que Foucault arrumou em sua casa, na rue d'Assas, em Paris. Um dia ele pôs uma vareta em seu torno, montando-a sobre uma placa que podia girar livremente, assim como as rodas de uma prancha de skate giram livremente em seu encaixe. Quando ele zuniu a vareta e virou o torno lentamente, ficou surpreso ao ver que a vareta continuava a vibrar para um lado e para o outro no mesmo plano. Curioso, ele experimentou com um pêndulo mais convencional – um peso esférico suspenso verticalmente a uma corda de piano que podia oscilar livremente. Prendeu a corda ao encaixe de uma perfuratriz e virou a placa do torno. O pêndulo, também, continuou a oscilar no mesmo plano.

Se pararmos para pensar, isso não é surpreendente. De acordo com a lei de Newton, um corpo em movimento livre, assim como um peso de pêndulo, move-se na mesma direção a menos que alguma força seja aplicada para mudá-la. Como a rotação da placa de torno girando livremente não implicava nenhuma força sobre a barra ou sobre o pêndulo, eles continuavam a oscilar na mesma direção. Mas mesmo o que não surpreende pode ser inesperado. Foucault logo compreendeu que esse efeito, sendo suficientemente ampliado, poderia ser usado para demonstrar a rotação diária da Terra em torno do seu eixo.

Mais tarde ele resumiu esse processo de raciocínio de uma maneira elegante. Vamos imaginar que construímos um pequeno pêndulo e o colocamos sobre uma bandeja giratória que se movimenta de forma livre e suave. Temos agora o que Foucault chamava de *petit théâtre*, no qual nos preparamos para encenar uma performance. A bandeja giratória representa a Terra, e o quarto em volta é como o restante do Universo. Se nós colocamos o pêndulo oscilante em um plano – vamos apontá-lo para a porta, por exemplo –, e então, lentamente, giramos o prato, o que acontecerá? De início, poderíamos esperar que o plano de oscilação do pêndulo se movimentasse com a base. *Erreur profonde!* O plano de oscilação não é algo material ligado ao prato. Em virtude da inércia do pêndulo, o plano de oscilação é independente do prato – ele agora "pertence", por assim dizer, ao espaço em torno, e não ao prato. Seja qual for o modo como giramos o prato, o pêndulo continua a apontar para a porta.

Essa performance no teatrinho demonstra que a bandeja giratória se move, enquanto o plano de oscilação do pêndulo não se altera. Mas imagine que façamos o nosso teatrinho um pouco maior, diz Foucault. Imagine mesmo que estamos – assim como o restante do quarto e tudo o mais que vemos em volta, menos o Sol, os planetas e as estrelas – sobre uma bandeja giratória. Agora, vamos ter a impressão de que estamos parados e que a direção da oscilação do pêndulo está mudando. Novamente: *Erreur profonde!* Somos nós que giramos. Mas Foucault assinala aqui uma complicação adicional. Nosso pequeno pêndulo está no centro de uma bandeja plana, de forma tal que uma volta completa mudaria o plano de oscilação em 360 graus, ou seja, um círculo completo. Mas um pêndulo baseado na Terra está sobre a superfície de uma esfera. Dependendo de onde ele esteja localizado entre polo e equador, uma rotação completa da esfera fará o plano do pêndulo se mover em distâncias diferentes – e a esfera terá de mover-se em distâncias diferentes para que o plano de oscilação descreva uma rotação completa. Fazendo as contas, Foucault calculou que o número de graus pelos quais o plano de oscilação do pêndulo se moveria em 24 horas seria 360 graus vezes o seno da latitude – o que então forneceu um meio para determinar a localização norte-sul da pessoa no globo terrestre. Mas os detalhes desse cálculo não importam tanto quanto a demonstração visível dos efeitos da rotação da Terra.

Foucault se perguntou se poderia ver o efeito da rotação da Terra usando um pêndulo verdadeiro. Ele suspendeu um pêndulo na abóbada de sua casa, usando um arame fino com 1,98m de comprimento e um peso de 4,98kg. No dia 3 de janeiro de 1851, uma sexta-feira, ele o experimentou pela primeira vez. Para ter certeza de que o balanço do pêndulo seria reto e regular, ele atou o peso à parede com uma corda de algodão, fez com que seu movimento cessasse totalmente, e depois queimou a corda com uma vela. Embora o experimento parecesse funcionar, o arame se partiu. Cinco dias depois, na quarta-feira 8 de janeiro de 1851, às 2h da madrugada, ele fez nova tentativa e em meia hora descobriu que "o deslocamento é tal que salta aos olhos" e que "o pêndulo virou-se na direção do movimento diário da esfera celeste".[2] Sempre metódico, entretanto, ele achou menos interessante observar o fenômeno em grande escala e "mais interessante acompanhar o fenômeno de mais perto, para perceber a continuidade do efeito".[3] Ele montou um ponteiro no chão, de modo a apenas tocar a ponta do pêndulo, e verificou que em menos de um minuto o pêndulo se deslocou para a esquerda do observador – o que indicava que o plano de oscilação estava se movendo com o movimento aparente do céu.

Algumas semanas depois, Foucault escreveu:

> O fenômeno ocorreu tranquilamente; ele é inevitável, irreversível. ... Vendo-o nascer e crescer compreendemos que não está no poder do experimentador acelerá-lo ou retardá-lo. ... Todo aquele que o presencia ... fica pensativo e silencioso durante alguns segundos, e em geral sai com um sentimento mais premente e intenso da nossa incessante mobilidade no espaço.[4]

Pouco tempo depois, o diretor do Observatório de Paris pediu-lhe que repetisse o experimento na *salle méridienne*, a sua sala central, localizada sobre o meridiano. Foucault usou o mesmo peso, mas conseguiu instalar um arame mais comprido, de 10,97m. Isso era preferível, porque um pêndulo com um arame mais comprido leva mais tempo balançando – é menos afetado pela fricção com o ar e com o suporte que liga o arame ao teto –, o que dá mais oportunidade para que se veja a sua aparente mudança de direção.

Em 3 de fevereiro de 1851, exatamente um mês depois de ter iniciado seu experimento, Foucault relatou oficialmente os resultados de seu trabalho para a Academia de Ciências da França. Os convites distribuídos pela academia causaram sensação. Diziam: "Os senhores estão convidados a vir ver a Terra girar, na sala central do Observatório de Paris." Na reunião, Foucault disse à multidão que a maioria dos cientistas estudiosos do comportamento pendular havia focalizado o tempo do balanço. Seu trabalho, porém, tinha a ver com o *plano* desse balanço. Então, enquanto seu pêndulo oscilava, ele pediu aos espectadores que realizassem uma versão mental do experimento anteriormente descrito – que imaginassem a construção de um pêndulo "da maior simplicidade" no Polo Norte, pusessem seu peso para oscilar, e depois o deixassem "entregue à ação da gravidade". Como a Terra "não para de girar de oeste para leste", o plano de oscilação parece girar para a esquerda, da perspectiva do observador, como se a oscilação estivesse ligada ao próprio firmamento.

Poucos experimentos científicos tiveram um sucesso tão instantâneo quanto o pêndulo de Foucault. Embora em 1861 todos os europeus cultos soubessem que a Terra se movia, as provas desse fato – ainda que inegáveis – se baseavam nas inferências das observações astronômicas. Sem um telescópio e sem o conhecimento necessário para usá-lo, as pessoas não tinham como ver esse movimento por si mesmas. Com o pêndulo de Foucault, a rotação da Terra parecia se tornar visível. Trancada num quarto sem janelas, uma pessoa adequadamente instruída podia provar que o quarto estava girando e, medindo com cuidado, podia até determinar a latitude do quarto.[5] O pêndulo, como Foucault gostava de observar, fala "diretamente aos olhos".

Será mesmo? Uma das coisas mais fascinantes no pêndulo de Foucault é que ele exibe as ambiguidades da percepção. A observação de Foucault é pouco engenhosa do ponto de vista filosófico: nada fala diretamente aos olhos. É uma observação cartesiana: Foucault imaginou que seus olhos são olhos geométricos, e convenceu-se de que podia ver aquilo que imaginava ideal e geometricamente. Ele reflete: se podemos imaginar a situação do pêndulo oscilando contra o sistema solar, também podemos "ver" a Terra girar. A percepção, porém, é mais complicada que isso. Até mesmo perceber o que está em movimento e o que está parado depende do que consideramos a comissão de frente e o que consideramos o segundo plano, ou seja, o horizonte. O pêndulo de Foucault parece nos oferecer tanto a experiência do pêndulo girando no campo gravitacional da Terra, como a da Terra girando sob os nossos pés. Para o filósofo francês Merleau-Ponty, essa incerteza parece assemelhar-se à descrição da experiência rotineira de estarmos dentro de um trem que pára em uma estação ao lado de outro trem na linha próxima – e quando esse outro trem começa a se mover, temos ora a sensação de estarmos começando a nos mover, ora a de que o outro está começando a se mover na direção oposta. Qualquer dessas possibilidades – Merleau-Ponty escreve – depende de onde se fixa a nossa percepção (nesse trem ou no outro), e do que é o seu horizonte exterior.[6] Para ver o plano da oscilação do pêndulo se mover, precisamos apenas fazer o que a percepção habitualmente faz, e considerar o objeto em questão – o pêndulo – a comissão de frente, e o quarto o horizonte. O pêndulo de Foucault, como qualquer instrumento, mostra o que faz apenas dentro de um ambiente apropriado. Para "ver" a Terra se mover, precisamos introduzir um horizonte diferente e muito maior, no qual a Terra se mostrará movendo-se, e o plano de oscilação do pêndulo se mostrará sempre estacionário. E se o pêndulo fosse montado não no interior de um edifício, mas do lado externo? Poderíamos ver a Terra girando numa noite estrelada?

Quando as notícias sobre a demonstração tomaram conta de Paris, Foucault foi bombardeado por cartas de cidadãos comuns, outras de cientistas, e até mesmo de funcionários do governo interessados. O príncipe Luís Napoleão Bonaparte – presidente da República que logo se tornaria Napoleão III, imperador da França – pediu a Foucault que organizasse uma demonstração pública no Panthéon, em Paris, antes uma igreja que foi transformada em descanso final para muitos heróis e personagens nacionais da França. O Panthéon era – Foucault escreveu – uma localização maravilhosamente adequada para o experimento, que ali ganhava *splendeur magnifique*.[7] Pois quanto maior o pêndulo, mais lenta e majestosamente ele se movia, e mais eficientemente demonstrava o movimento de tudo à sua volta. Numa demonstração surpreendente, Foucault pendurou o pêndulo no centro da imensa cúpula do Panthéon. Constava de um arame de aço com 67,05m e de um peso feito de uma bala de canhão com um pequeno estilete, semelhante a uma agulha, preso à sua parte de baixo. Em torno da circunferência externa do círculo, por onde o pêndulo ia viajar, Foucault e seus assistentes construíram dois montes semicirculares cobertos com areia, que o estilete riscava na extremidade de cada balanço, marcando a posição do pêndulo. Para a eventualidade de o arame se partir ou o peso se soltar, Foucault protegeu o mosaico do chão do Panthéon que fica sob a cúpula com uma camada de madeira e vários centímetros de areia densamente amontoada. Isso foi uma providência sábia, porque na primeira vez que o pêndulo foi instalado, de fato o arame se rompeu bem embaixo da cúpula, assustando Foucault e seus assistentes quando o fio de mais de 60,9m açoitou a sala, fazendo-a tremer com a energia do pêndulo. Quando eles o reataram, instalaram também um pára-quedas no alto da cúpula, como garantia no caso de um novo rompimento do arame.

Figura 7.1. Pêndulo de Foucault no Panthéon. Podem-se observar os montes de areia para marcação da posição do pêndulo no final de cada oscilação.

Em 26 de março, um dos assistentes de Foucault amarrou o peso a uma parede com uma corda, e esperou que seu movimento cessasse totalmente. Dessa vez a corda seria queimada com um fósforo em lugar de uma vela (os fósforos haviam sido inventados naquele ano). O pêndulo se moveu pesadamente, magnificentemente, sombriamente, atravessando 6,09m de chão em cada balanço, fazendo uma oscilação para um lado e para o outro a cada 16 segundos. Seu arame fino, com menos de 1,5mm de diâmetro, ficava praticamente invisível no cenário amplo, e o peso brilhante parecia suspenso no vácuo. A cada vez que o peso alcançava os montes de areia no fim do seu balanço, o estilete cortava uma fina camada da areia molhada, cada vez mais à esquerda da anterior. Na latitude de Paris (aproximadamente 49° N), o pêndulo avançava cerca de um grau a cada cinco minutos – um pouco mais de 11 graus em uma hora, numa velocidade que faria a volta completa do círculo se concluir em cerca de 32 horas, desde que o pêndulo não fosse parado para descansar antes disso.

A demonstração no Panthéon não foi perfeita; a linha riscada pelo estilete lentamente se alargava até tomar a forma de um fino "8", em virtude, evidentemente, de imperfeições no arame ou no seu suporte. E a distância coberta pelo peso em cada oscilação gradualmente diminuiu em razão da resistência do ar – embora o tempo requerido para cada balanço fosse o mesmo (novamente o princípio da isocronia, descoberto por Galileu, válido para todos os pêndulos com oscilações de pequena amplitude). Mesmo assim, o pêndulo continuou a cumprir a mudança de direção aparente durante cinco ou seis horas, durante as quais a direção mudou para a esquerda, na direção dos ponteiros do relógio (no hemisfério sul, a direção seria contrária à dos ponteiros do relógio) em volta do chão por cerca de 60 a 70 graus. Encantado, Luís Napoleão recompensou Foucault nomeando-o para o ambicionado cargo de físico do Observatório, o que permitiu que ele transferisse para lá o laboratório do porão de sua casa.

O ano de 1851 foi de maravilhas. Em Londres, foi inaugurada a exposição do Palácio de Cristal, o que marcou uma nova era de exibições e visibilidade, e na administração do espaço e do tempo. Foi a primeira exposição em que, por exemplo, os bilhetes para o público tinham a hora impressa, a fim de disciplinar o fluxo dos visitantes. Muitos historiadores chegam mesmo a datar o surgimento da moderna sociedade de massa a partir dessa exposição.

O ano de 1851 foi também o Ano do Pêndulo. Os pêndulos de Foucault proliferaram pelo mundo inteiro: Oxford, Dublin, Nova York, Rio de Janeiro, Ceilão, Roma. As catedrais – com tetos altos e um ar de estabilidade e autoridade – eram locais perfeitos para sua instalação. Em maio de 1851, um deles foi colocado na catedral de Nôtre-Dame em Reims (arame de 40m, peso de

19,8kg, mais de 1mm de desvio em cada balanço), uma das mais belas catedrais góticas na França, onde os reis eram coroados. Em junho de 1868, um pêndulo de Foucault foi instalado na catedral de Nôtre-Dame de Amiens, outra obra-prima gótica. E, enquanto a exposição do Palácio de Cristal demorava-se muito no planejamento da exibição de um pêndulo de Foucault, a Exposição de Paris de 1855 apresentou um deles. Para a ocasião, Foucault inventou um dispositivo engenhoso que dava ao peso um pequeno empurrão eletromagnético a cada balanço, para impedi-lo de desacelerar. No mesmo ano, seu pêndulo original foi instalado no Museu de Artes e Ofícios, em Paris, uma instituição fundada como "depositório de novas e úteis invenções", onde ainda pode ser visto hoje.

Mas o pêndulo de Foucault era mais do que apenas uma demonstração pública interessante. Como qualquer descoberta científica, ele ia até o passado e projetava-se para o futuro. Ao examinar minuciosamente os escritos de cientistas precedentes, pesquisadores descobriram evidências de que outros haviam observado a direção do pêndulo derivar lentamente para a esquerda – entre eles Viviani, o dedicado discípulo de Galileu, que fora o primeiro a estudar os pêndulos seriamente. Foucault, porém, foi o primeiro a associar esse desvio para a esquerda ao movimento de rotação da Terra. Entretanto, Foucault enfatizava que a ideia básica do seu trabalho havia sido antecipada pelo matemático e físico Siméon-Denis Baron Poisson (1781-1840), já então falecido. Poisson calculara que balas de canhão disparadas no ar pareceriam desviar-se ligeiramente para o lado enquanto a Terra girava por baixo delas, embora pensasse que a deflexão era muito leve para ser observável. Por isso também compreendeu que a rotação da Terra devia afetar os pêndulos – mas não captou que esse pequeno efeito sobre cada movimento do peso se ampliaria a cada balanço, permitindo que o movimento – nas palavras de Foucault – acumulasse os efeitos e fizesse-os "passar do domínio da teoria para o da observação". Mais tarde, quando o alcance dos canhões aumentou, tornou-se necessário para os artilheiros compensar o efeito descrito por Poisson. Como observou o físico H.R. Crane:

> Na Primeira Guerra Mundial, durante as operações navais perto das ilhas Malvinas, os artilheiros britânicos ficaram surpresos ao ver que seus disparos caíam à esquerda dos navios alemães. Eles haviam seguido as tabelas [de correção do alvo] preparadas segundo a fórmula de Poisson, mas não se lembraram de mudar o sinal das correções, a fim de torná-las válidas para o hemisfério sul.[8]

Foucault aplicou o mesmo princípio em que seu pêndulo se baseara para inventar o giroscópio, termo que ele próprio cunhou. Um giroscópio consiste em uma roda de fiar montada de maneira a poder girar livremente, independentemente da direção de sua estrutura de apoio, e o eixo giratório dessa roda sempre aponta na mesma direção. Foucault previu, corretamente, mas décadas antes do tempo, que o giroscópio podia e seria usado como instrumento direcional. O princípio desse instrumento foi também encontrado na natureza; os cientistas descobriram, por exemplo, que as moscas-domésticas navegam no ar com a ajuda de suas pequenas zunidoras, que têm a forma de duras hastes (asas posteriores) conhecidas como "halteres".[9]

Hoje existem pêndulos de Foucault no mundo inteiro em museus de ciência, universidades e outras instituições. Durante o último meio século, muitos deles eram feitos pela loja de instrumentos da Academia de Ciências da Califórnia, que – num serviço manufatureiro realmente especializado – fez cerca de cem pêndulos de Foucault para instituições em volta do globo, incluindo os da Turquia, do Paquistão, Kuwait, Escócia, Japão e Israel. Frequentemente os clientes compram os componentes essenciais e depois os embelezam com suas próprias interpretações estilizadas.[10] O pêndulo do Museu de Ciência de Boston move-se para a frente e para trás sobre uma cópia da Pedra do Calendário Asteca vivamente colorida, com o peso passando sobre a cabeça do deus do Sol, Tonatiuh.

Na Biblioteca Pública de Lexington, em Lexington, Kentucky, o pêndulo, inaugurado com uma cerimônia à meia-noite do dia de ano-novo de 2000, quando o cabo foi cortado, tem sensores no chão para monitorar seu movimento, em lugar dos costumeiros pinos. O Hospital Infantil Montefiore, em Nova York, contratou o artista nova-iorquino Tom Otterniss para desenhar seu peso e a estrutura circundante. O peso se parece com uma cara contente de cabeça para baixo, encimada por um chapéu cônico pontudo que bate nos picos. Ele oscila sobre um mapa-múndi de prata e bronze em relevo centrado no Bronx, onde o hospital está localizado. Pequenos personagens em bronze, feitos de sólidos geométricos e em poses cômicas, estão pregados ao peso, ao arame, aos trilhos e à área circundante. Quase todos os visitantes do hospital param e pedem informações sobre ele. Embora o Montefiore seja apenas uma das muitas instituições cujo pêndulo oscila sobre um mapa centrado no edifício que o exibe, ele de fato ilustra que cada lugar neste mundo que gira tão depressa está em movimento – todos eles são, sob esse aspecto, iguais. Muito apropriadamente, a sede das Nações Unidas em Nova York tem um pêndulo de Foucault na grande escadaria cerimonial de seu saguão, uma esfera de 90,72kg folheada a ouro com 30,48cm de diâmetro que balança pendurada ao teto 22,86m acima. A Smithsonian Institution, que é o museu nacional dos Estados Unidos, costumava ter um pêndulo de Foucault em exibição, mas ele foi removido para dar lugar ao projeto de restauração da bandeira estrelada, a bandeira nacional. Desde então ele está no depósito do museu.[11]

Como o experimento de Young, o pêndulo de Foucault deve ser executado com mais cuidado do que parece necessário. Num local público, um grande problema é protegê-lo de visitantes que parecem sentir uma necessidade premente de alcançá-lo e tocá-lo. E embora um pêndulo seja um dos dispositivos mais simples na ciência, no mundo real ele é afetado pelas correntes de ar, pela estrutura interna do arame, o modo como o arame é suspenso, e como o movimento do peso é iniciado; a maioria dessas coisas pode facilmente desarranjar o pêndulo ou guiá-lo para um padrão em forma de "8". (Uma dica para o padrão em forma de "8" é que os pinos derrubados ficam com as pontas voltadas para dentro.) Na Universidade Stony Brook, onde ensino, um físico, ao demonstrar o princípio de Foucault para uma turma de introdução à física, pediu a um técnico que pendurasse uma bola de boliche no teto do salão de palestras, explicou o princípio à classe e calculou quantos graus ele percorreria durante os quarenta minutos de aula. No final do período, mediu o desvio e, para sua satisfação, o resultado era exatamente o que calculara – porém na direção errada! O equívoco se devia, evidentemente, a alguma combinação de má suspensão do sistema e a correntes de ar no auditório aberto.

Um pêndulo de Foucault é bem diferente de outras peças expostas num museu. Basta ver o seu tamanho: ele não pode ficar fechado numa cabine ou vitrine de parede, requer um espaço aberto enorme, como uma nave ou escadaria. Ele não produz centelhas, murmúrios ou ruídos: move-se com solene majestade. E, mais importante, ele não é somente não interativo, como parece também nos ignorar, desvendando algo radicalmente contra-intuitivo para a experiência humana. Pode ser isso – e também sua conexão com vastas forças físicas – que explique por que as pessoas nunca se esquecem da primeira vez que viram um pêndulo de Foucault.

O meu, cada vez que eu ia ao Franklin Institute, realizava a mesma performance. Mas nunca deixou de fascinar-me com sua simplicidade imperturbável. Ele se movia, mas permanecia sempre o mesmo. Ele girava, mas me dizia que era eu que estava girando. Eu o olhava, e o que ele me refletia de volta era a minha mobilidade e a de tudo o mais em torno – produzindo em mim uma sensação clara e dramática, cujo verdadeiro significado nunca pude compreender totalmente, de como a minha própria percepção e os meus sentidos eram enganosos e limitados.

Interlúdio 7

A ciência e o sublime

Pois a beleza nada mais é do que o começo do terror que ainda somos apenas capazes de aguentar, e ficamos tão atemorizados porque ela serenamente desdenha de nos aniquilar.

Rilke

O pêndulo de Foucault tem o que poderíamos chamar de uma beleza sublime. Com o tipo de beleza que nos oferece visões claras e que nos integra à natureza – fazendo-nos sentir mais em casa no mundo –, o sublime nos desconcerta porque nos confronta com um poder terrível. No sublime, experimentamos nossa existência como débil e insignificante, e a natureza como incompreensível e esmagadora: a natureza como um poder alienígena.

A natureza do sublime foi elaborada no século XVIII por filósofos como Edmund Burke e Immanuel Kant, embora eles tendessem a contrastar o belo e o sublime, mais do que ver o segundo como um modo do primeiro. Burke escreveu que a experiência do sublime é provocada pelo terror, "o princípio dominante do sublime". O terrível – e para Burke o terrível pode não ser apenas natural, mas também criado pelo homem, como no caso do terror político – é a causa das nossas estratégias usuais de enfrentar o estrondo do mundo ao nosso redor, e inspira "a mais forte emoção que a mente é capaz de sentir". Mas numa experiência do sublime (como a que é acessível por meio da vivência artística), o terrível é mantido a uma distância segura, de modo que não nos sentimos mais em perigo iminente. Podemos tirar prazer de tal experiência – continua Burke – porque sentimos a capacidade de existir a despeito do terrível, de ainda conseguirmos encontrar um lugar para nós. Essa constatação não só nos dá certa quantidade de um prazer sem igual, como também faz-nos sentir mais vibrantes e vivos.[1]

Kant, que escreveu um pouco depois de Burke, distinguia dois tipos de sublime. O primeiro, ou o que ele chama de "matematicamente sublime", se associa a magnitudes inconcebivelmente vastas, tais como a sensação diante das Pirâmides ou da Basílica de São Pedro em Roma, que nos fazem sentir como se as nossas imaginações fossem inadequadas para captar o todo. O outro, o "dinamicamente sublime", se associa a forças irresistivelmente poderosas: "Bravas, superiores, assim como rochas ameaçadoras, nuvens carregadas se acumulando no céu e movendo-se acompanhadas de raios e trovões, vulcões com todo o seu poder destrutivo, furacões com todas as devastações que deixam atrás de si, o oceano sem limites aparentes, a alta catarata de um rio violento.[2]" Enquanto, para Kant, a nossa razão procura medir e controlar essas e todas as coisas, produzindo categorias adequadas a elas, no sublime sentimos a inutilidade dessa tentativa – de fato, percebemos que as nossas tentativas de controlar essas coisas *nunca* terão êxito. Nossa sensibilidade nos traiu. Essa experiência é desagradável, mas ao mesmo tempo revela dentro de nós a presença de um poder (a nossa própria subjetividade) que essas coisas, capazes de nos aniquilar fisicamente, nunca poderão atingir – uma revelação libertadora. O sentimento de desprazer tem seu próprio prazer – um prazer perverso –, pois ele nos faz conscientes, por intermédio da emoção mais do que da reflexão, da liberdade humana e da transcendência humana da natureza: isso merece respeito.

O pêndulo de Foucault exibe o sublime na ciência. Ele tem pouco em comum com o experimento de Eratóstenes, que mede um comprimento (a circunferência da Terra), do qual já se sabia que tinha alguma magnitude; ou com o experimento do plano inclinado de Galileu, que comprova uma lei matemática; ou com os experimentos de Newton com prismas, que desvendaram um novo aspecto da natureza. E todos os experimentos científicos têm um toque de sublimidade, porque revelam que a natureza é infinitamente mais rica do que os conceitos e procedimentos com os quais a abordamos. Mas o pêndulo de Foucault enfatiza o sublime pelo modo dramático com que expõe a inadequação – ou antes, o desajuste – entre a percepção humana e o funcionamento da natureza.

A conexão entre o pêndulo de Foucault e o sublime, nas várias manifestações desde Burke e Kant até Umberto Eco, ajuda a explicar sua celebridade na época, e por que ele continua a ser instigante. Não o é porque nos ensina que a Terra gira, ou porque foi um passo no caminho para um instrumento indispensável à navegação, o giroscópio. Mais do que isso, ele é instigante porque parece resumir verdades inesperadamente profundas e até mesmo incompreensíveis a respeito de nossa própria percepção. Será que "vemos" realmente o pêndulo se mover, mas "sabemos" que de fato a Terra é que está se movendo? Ou será que agora, graças ao pêndulo e ao cartaz explicativo perto da escada, realmente "vemos" a Terra se mover? Em qualquer desses dois casos, a ciência governa a nossa percepção, sobrepondo-a no primeiro caso, e corrigindo-a no segundo.

Ou, diante do pêndulo de Foucault, a nossa percepção está sendo guiada e retreinada – não tanto pela rude performance do peso balançando para a frente e para trás, mas pelas explicações que nos dão para isso, pela autoridade das pessoas que o constroem, pela compreensibilidade dos modelos que nos são mostrados, pelo modo como esses modelos integram tudo o mais que conhecemos, e assim por diante? E se a nossa percepção pode ser tão radicalmente reeducada como nesse caso, que outros mistérios estão por aí? Para quais outras coisas somos cegos em virtude da nossa particular educação perceptiva? O que mais a percepção pode estar preparando para nós? O sentimento de inquietude diante dessas constatações é a experiência do sublime.

8

Observação do elétron
O experimento de Millikan com a gota de óleo

Quando o físico norte-americano Robert Millikan (1868-1953) pronunciou o costumeiro discurso ao receber o Prêmio Nobel em 1923, deixou a plateia convencida de que ele tinha visto de fato os elétrons individualmente. "Quem viu esse experimento", disse Millikan, referindo-se ao experimento pelo qual conquistou o Nobel, "*viu* literalmente o elétron."[1]

A teimosa insistência de Millikan de que seu experimento permitia ver as partículas subatômicas era em parte defensiva – ele fugia de uma disputa com outro cientista que pusera em dúvida o seu trabalho. Mas a sua afirmação de que conseguia ver elétrons se baseava em algo diferente da afirmação de Foucault de que conseguia ver o mundo girar, em virtude do extraordinário ambiente proporcionado pelo equipamento que Millikan construíra em seu laboratório.

Quando Millikan iniciou sua longa série de experimentos sobre o elétron, em 1907, ele havia passado mais de dez anos na Universidade de Chicago, se casara, era pai de três filhos e estava com quase 40 anos. Embora tivesse escrito várias obras didáticas conceituadas, produzira pouca pesquisa de importância; estava ansioso para dar uma contribuição original à física e dirigia sua atenção para a determinação da carga elétrica transportada por um único elétron.

"Todos estavam interessados na magnitude da carga do elétron", escreveu em sua autobiografia, "porque ele é provavelmente a entidade mais fundamental e invariável do Universo, embora seu valor nunca tenha sido medido até hoje com uma precisão sequer de 100% [isto é, a incerteza é tão grande quanto a coisa a ser medida]."[2] Assim como um dos principais desafios para

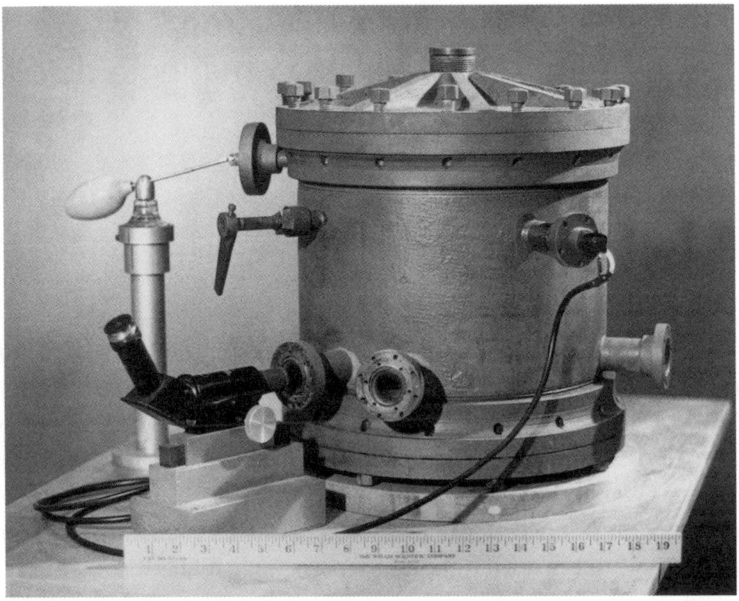

Aparato usado por Robert Millikan no experimento da gota de óleo.

a ciência durante o século XVIII fora medir a densidade da Terra – e depois a constante gravitacional –, um dos principais desafios para a física do início do século XX era medir a força da carga do elétron. E pela mesma razão: essa informação nos diria muito sobre a estrutura do mundo.

Em seu discurso ao receber o Nobel, Millikan introduziu o tema da eletricidade pedindo à plateia que considerasse "alguns experimentos simples e rotineiros". Se você esfregar uma vareta de vidro contra o pelo de um gato e em seguida tocar com ela uma gotícula, a gota parecerá quase adquirir "uma nova e surpreendente propriedade" que a faz praticamente pular para longe da vareta. Isso, disse Millikan, é um fenômeno elementar da eletricidade: algo chamado "carga elétrica" passa da vareta para a gota e em consequência a gota e a vareta se repelem mutuamente. Benjamin Franklin havia afirmado que essa carga consistia em muitas partículas pequenas ou átomos de eletricidade – que o fenômeno originava-se em grãos minúsculos ou pacotes.

Já no final do século XIX, cientistas provaram, para sua satisfação, que Franklin estava certo: a carga era transportada por minúsculos corpos chamados "elétrons", que de alguma maneira formavam partes fundamentais dos átomos. Mas eles não sabiam se a carga elétrica dos elétrons individuais vinha em pacotes de um tamanho específico nem se teria qualquer valor. Essa informação era de vital importância para os físicos interessados na estrutura do átomo e para os químicos interessados nas barreiras químicas. Mas como seria possível encontrar e medir os menores grãos de eletricidade?

Millikan sabia ser arriscado comprometer-se a medir a carga de um único elétron. Ele estaria abrindo mão de uma carreira estabelecida como autor de livros didáticos por uma aventura incerta na pesquisa física. Sabia, graças a suas passagens anteriores pela pesquisa, "quanta prospecção se pode fazer em física sem tocar uma veia que contenha um pouco de ouro". Sua meta – medir o valor da carga elétrica de um único elétron – era excepcionalmente difícil. Isolar uma dessas partículas incomensuravelmente pequenas já era um desafio em qualquer circunstância. Mas não era sequer claro na época qual seria o melhor modo de fazer o experimento. Millikan, por assim dizer, não apenas buscava escalar uma montanha alta, mas tentava fazer isso só com uma vaga ideia de qual seria o lado mais fácil – ou até mesmo o lado possível – para subir. Pior ainda, o grande interesse científico pela magnitude da carga do elétron significava que muitos estavam tentando medi-la. Millikan trabalharia num terreno apinhado de gente e competitivo, e era grande o perigo de que outros com mais experiência e equipamentos melhores conseguissem fazer isso mais depressa e com maior precisão. Ele precisaria ser engenhoso e ter sorte.

Os maiores rivais de Millikan estavam no Laboratório Cavendish, da Universidade de Cambridge. Seu diretor, J.J. Thomson, havia descoberto o elétron em 1897 (mais precisamente, Thomson descobriu que todos os elétrons tinham a mesma razão de carga em relação à massa) e sabia muito bem a importância da determinação de sua carga exata; ele liderava um grupo de estudantes talentosos, empenhados em encarar o problema. Eles haviam testado inúmeras ideias, das quais a mais promissora envolvia, surpreendentemente, a criação de uma nuvem de gotas de chuva no laboratório.

Alguns anos antes, um dos colaboradores de Thomson inventara um aparelho chamado câmara de nuvem, que criava nuvens em seu interior ao fazer com que ar supersaturado (ar repleto de vapor d'água) se condensasse em partículas de poeira e em partículas que flutuam livremente contendo cargas elétricas chamadas íons (íons negativamente carregados contêm uma ou mais cargas de elétrons). O fato de que o ar supersaturado se condensasse em torno de íons tornou o aparelho, inesperadamente, útil para rastrear os trajetos de partículas carregadas em movimento rápido, como aquelas emitidas pelas substâncias radioativas, porque tais partículas deixam cordões de íons em seu rastro.

Em 1898, um ano depois de descobrir o elétron, Thomson usou esse princípio para fazer uma estimativa aproximada da carga do elétron. Ele usou uma fonte radioativa para criar íons negativos (isto é, elétrons) no ar, dentro de uma câmara de nuvem, e depois fez com que o ar supersaturado se condensasse em torno dos íons – criando, de fato, uma nuvem de gotículas carregadas – e mediu a carga total da nuvem. Calculou então o número total de gotas na nuvem. Essa tarefa aparentemente difícil podia ser realizada, embora pareça estranho, medindo a taxa em que a superfície superior da nuvem caía dentro da câmara de nuvem. Graças a uma equação conhecida como lei de Stokes, que descreve o movimento de pequenas gotas d'água através de um fluido, Thomson podia calcular o tamanho médio das gotas individuais que formavam a nuvem, medindo a taxa em que as gotas caíam. (Para fazer isso, de acordo com a lei de Stokes, ele precisava conhecer a densidade das gotas – fácil, porque elas eram feitas de água – e a viscosidade do meio pelo qual passavam – novamente fácil, porque o meio era o ar.) Sabendo o volume total do vapor d'água na nuvem e o tamanho de cada gota individual, Thomson pôde calcular o número de gotas individuais na nuvem. Admitindo que cada gota de água na nuvem se condensasse em torno de um único elétron, Thomson dividiu a carga de cada nuvem pelo número de gotas para ter um valor aproximativo da carga de cada elétron.

Um aluno de Thomson, Harold Wilson, aperfeiçoou esse método, instalando placas horizontais de metal dentro da câmara de nuvem para poder criar um campo elétrico no interior do aparelho. Quando ele carregava as placas, qualquer carga na região entre elas seria puxada para baixo pelo campo. Usando um cronômetro, Wilson mediu e comparou a taxa em que as gotas de chuva caíam entre um conjunto de retículas, primeiro sob a influência apenas da gravidade e depois sob a influência da gravidade mais a do campo elétrico, que puxava a nuvem para baixo um pouco mais depressa. Esse foi um aperfeiçoamento significativo, porque deu a Wilson um meio de se assegurar de que a camada de nuvem que estava medindo se compunha de gotas que continham elétrons, porque as gotas com elétrons cairiam mais rapidamente sob a influência do campo elétrico do que sob a influência apenas da gravidade. Também lhe permitiu selecionar gotas com cargas menores – porque gotas contendo mais de um elétron condensado em torno de si têm carga maior e por isso caem mais depressa. Mas o método de Wilson também era apenas aproximativo, uma vez que as nuvens se evaporam rapidamente e nuvens sucessivas são, com frequência, muito diferentes e difíceis de comparar.

Millikan retomou essa questão em 1906 com um aluno de graduação, Louis Begeman. Eles experimentaram primeiro o método de Harold Wilson, mas não conseguiram fazê-lo funcionar. A indefinição e a instabilidade da superfície de cima das nuvens tornavam quase impossível para eles medir qualquer coisa com precisão. Quando Millikan relatou esse trabalho em um congresso científico em Chicago, o eminente físico Ernest Rutherford indicou que uma das maiores dificuldades era a rápida taxa de evaporação das gotículas de água. Millikan percebeu que devia mudar drasticamente seu método para resolver o problema da evaporação, entre várias outras dificuldades.

Frustrado, ele decidiu estudar a taxa de evaporação, para que pudesse compensá-la – outro exemplo da "vigilância do experimentador", descrita em conexão com o experimento de Cavendish. Millikan resolveu usar um campo elétrico mais forte e reverter a corrente, de modo que ela puxasse as gotas com carga para cima e segurasse a nuvem firmemente enquanto ele examinava sua taxa de evaporação. Da primeira vez que tentou isso, porém, levou um choque que o fez pensar (inicialmente, pelo menos) que o que pretendia era impossível e não havia esperança para o experimento.

> Quando eu tinha tudo preparado ... e a nuvem se formara, disparei o campo magnético, ligando o interruptor. *O que vi acontecer foi a instantânea e completa dissipação da nuvem – em outras palavras, não havia mais "superfície de cima" da nuvem para instalar as retículas, como Wilson tinha feito e eu esperava fazer.*[3]

Praticamente a nuvem inteira – claro que formada por gotas d'água que continham mais de um elétron – tinha sido varrida pelo forte campo elétrico. Isso, Millikan escreveu, "*pareceu de início arruinar meu experimento*, e com ele todos os outros experimentos que dependiam de medir a taxa de queda de uma nuvem ionizada".

Ao repetir a tentativa, Millikan viu a mesma coisa acontecer. Mas de súbito ele percebeu algo que transformou radicalmente sua concepção – percebeu que um punhado de gotas ainda permanecia à vista. "Aquelas gotas poderiam ter exatamente a relação de carga e massa, ou peso, necessária para que a força da gravidade, que puxa a gota para baixo, fosse equilibrada pela força decorrente da ação do campo sobre a carga elétrica carregada pela gota, que a puxa para cima. ... Daí se originou o que chamei de '*método da gota equilibrada' para determinação de e* [a carga do elétron]."[4]

Millikan encontrara um modo de trabalhar com gotículas simples, por assim dizer, em vez de usar nuvens delas. Ajustando a força do campo elétrico na câmara, ele podia fazer com que dentro dela as gotículas se movessem para cima e para baixo, e até mesmo ficassem paradas. Depois de repetir o experimento diversas vezes, ele reparou que a carga necessária para equilibrar as gotas era sempre um múltiplo exato da menor carga que observara em uma gota – o que forneceu a primeira prova inequívoca de que a carga elétrica originava-se mesmo em grãos.

Millikan então reconstruiu o aparelho com o objetivo de estudar gotas separadas em vez de nuvens. O aparelho consistia em uma câmara na qual as gotículas carregadas caíam através de um buraquinho sobre uma placa horizontal, entrando numa área em que seu comportamento podia ser observado com a ajuda de um microscópio quando elas subiam e caíam entre duas retículas.[5]

Ele foi extremamente feliz nesse experimento, e percebeu isso. Apenas uma estreita margem de parâmetros tornara o experimento possível; se as gotas fossem muito menores, o movimento browniano (o movimento aleatório de pequenas partículas suspensas em um fluido por causa de colisões com as moléculas do fluido) teria tornado sua observação impossível; se elas fossem muito maiores, Millikan não teria conseguido criar a voltagem requerida para mantê-las estacionárias. "A natureza aqui foi muito benevolente", ele escreveu mais tarde. "Dificilmente qualquer outra combinação de dimensões, campos de força e materiais teria permitido alcançar esses resultados."

No outono de 1909, Millikan apresentou seu primeiro trabalho de vulto sobre esse método da "gota equilibrada", que foi publicado em fevereiro do ano seguinte. O texto é notável pela honestidade de sua exposição; no que o historiador da ciência Gerald Holton descreve como "um gesto raramente encontrado na literatura científica", Millikan incluiu seu julgamento pessoal acerca da confiabilidade e do valor de cada uma das 38 observações das gotas, classificando-as. As que foram marcadas com três estrelas eram as duas "melhores" observações, que haviam sido feitas "sob condições aparentemente perfeitas" – o que significava que ele conseguira ver a gota por tempo suficiente para ter certeza de que ela estava estacionária, que conseguira determinar seu tempo de passagem entre as retículas, e que não observara irregularidades em seu movimento. Deu duas estrelas para as sete observações "muito boas", uma estrela para as dez observações "boas", e deixou sem estrelas as 13 observações "razoáveis".

É também notável que Millikan candidamente tenha dito que havia descartado três observações "boas" – cuja inclusão não teria afetado o resultado final – porque alguma coisa na posição delas ou no valor do campo tornava sua medição incerta; três por causa de mudanças no valor do campo; e uma simplesmente porque era uma "intrusa", cuja carga tinha um valor 30% mais baixo do que a das outras, o que o fez crer que houvera algum erro experimental. Como Holton observa, "o que Millikan disse, evidentemente, é que reconhecia uma boa experiência quando a presenciava, e que não iria dispensar esse conhecimento mesmo que não fosse óbvio como quantificá-lo e incluí-lo em seu registro".[6] Esses julgamentos humanos sempre fazem parte do processo científico, mas os experimentadores raramente os divulgam, certamente não em um trabalho impresso.

Como para confirmar o princípio de que uma boa ação nunca fica sem punição, Millikan logo lamentaria sua honestidade. No mesmo ano, um físico da Universidade de Viena, Felix Ehrenhaft (1879-1952), entrou no debate. Usando equipamento similar ao de Millikan, mas com pequenas partículas de metal em lugar de gotículas de água, Ehrenhaft afirmou em 1910 que seus resultados mostravam a existência de "subelétrons" com um valor de carga menor que as encontradas por Millikan. Não só isso: Ehrenhaft havia recalculado os números de Millikan e, usando as observações que este havia desprezado como pouco confiáveis, fez como se os dados do norte-americano de fato confirmassem suas próprias conclusões.

Por volta da data em que o trabalho de Ehrenhaft foi publicado, Millikan compreendeu como poderia aperfeiçoar significativamente o seu próprio experimento. Em agosto de 1909, pouco antes de apresentar seu primeiro trabalho, Millikan viajara a Winnipeg, no Canadá, para uma reunião da Sociedade Britânica para o Progresso da Ciência, presidida naquele ano por J.J. Thomson. Embora Millikan não estivesse inscrito na programação, ele levou seus resultados, pediu para falar e atraiu muita atenção ao apresentá-los. Logo depois disso, decidiu substituir as gotas d'água por uma substância mais pesada, com uma taxa de evaporação mais baixa, como mercúrio ou óleo – um tipo diferente de gotícula. Em sua autobiografia, escrita 20 anos mais tarde, Millikan descreveu a descoberta como um momento "eureca", ocorrido na sua viagem de volta, ao compreender que era bobagem tentar combater a evaporação das gotas d'água quando o óleo para relógios já havia sido desenvolvido explicitamente para resistir à evaporação.[7]

Entretanto, como ocorre muitas vezes nesses momentos, a maneira como tudo aconteceu parece tão indistinta quanto a superfície de cima de uma nuvem. Em trabalhos escritos na época, Millikan atribuiu a seu colega J.Y. Lee o método de atomização usado para produzir as pequenas gotas esféricas necessárias para esse experimento. E Harvey Fletcher, aluno de Millikan na pós-graduação, mais tarde afirmou que havia partido dele a ideia de usar as gotículas de óleo. Tudo leva a crer que não houve uma origem única para o momento "eureca" – o problema de vencer a evaporação estava na mente de todos os envolvidos com o experimento.

Em Chicago, ao chegar de Winnipeg, Millikan correu para seu laboratório no Ryerson Hall, situado no centro do campus da universidade. Olhando pelo lado de fora, ninguém poderia imaginar que aquela estrutura, um imponente prédio em estilo neogótico com ameias, tinha sido construído como um dos primeiros laboratórios de física do continente americano no final do século XIX. Mesmo pelo lado de dentro, as enormes vigas de carvalho e a imensa escada em espiral dificilmente lembrariam um laboratório. Era um prédio maciço, bem isolado e construído com madeira sólida e grandes pedras – sem ferro, para evitar perturbações magnéticas que pudessem interferir com experimentos envolvendo campos elétricos ou magnéticos. Fora construído com a supervisão do físico norte-americano Albert Michelson, que insistiu na obediência a certas especificações e no uso de determinados materiais de construção para facilitar seus próprios experimentos.

Na entrada do Ryerson, Millikan cruzou com Michelson e contou a seu eminente colega que havia concebido um método que lhe permitiria determinar a carga do elétron com a precisão de 10%, "caso contrário, eu sou um incompetente". E se dirigiu imediatamente à loja para encomendar um novo aparelho adequado ao método da gota equilibrada, mas que usasse óleo. Como antes, ele iria criar cargas elétricas negativas em uma câmara repleta de gotas – de óleo, dessa vez –, escolheria uma, e a deixaria cair por algumas frações de segundo, apenas sob a influência da gravidade. Em seguida calcularia o raio da gota. Depois colocaria uma voltagem nas bandejas e enviaria as gotículas para cima e para baixo, e mais uma vez para cima. Ele observava as gotas através de uma janelinha, iluminada pelo outro lado com uma lâmpada. Medindo o tempo de queda e de subida das gotas, calcularia então as suas cargas.

A partir desse momento, Millikan dedicou praticamente todo o seu tempo disponível, exceto as tarefas como professor, ao experimento. Sua esposa, Greta, habituou-se não só à sua ausência como também a pedir desculpas aos convidados pela ausência dele. Certa vez, ele ficou intrigado quando, tendo faltado a um jantar no qual era esperado, encontrou-se com um dos convidados que o cumprimentou por ser tão ativo nas tarefas domésticas, coisa

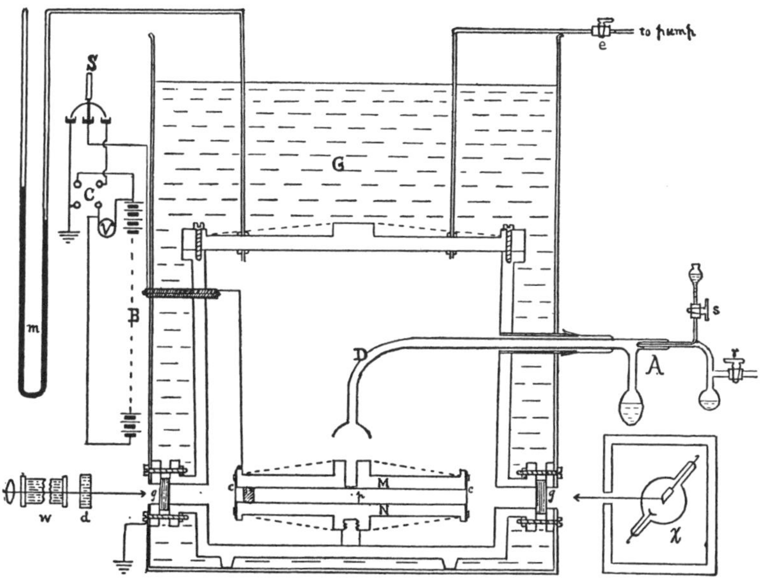

FIG. 8.—*A*, atomizer through which the oil spray is blown into the cylindrical vessel *D*. *G*, oil tank to keep the temperature constant. *M* and *N*, circular brass plates, electrical field produced by throwing on 10,009-volt battery *B*. Light from arc lamp *a* after heat rays are removed by passage through *w* and *d*, enters chamber through glass window *g* and illuminates droplet p between plates *M* and *N* through the pinhole in *M*. Additional ions are produced about *p* by X-rays from the bulb *X*.

Figura 8.1. Diagrama feito por Millikan de seu experimento da gota de óleo, com a legenda original.

que de fato ele não era. O que aconteceu foi que Greta explicara sua ausência dizendo que ele "tinha observado um íon durante uma hora e meia, e precisava terminar o trabalho". Mas os convivas entenderam que ele "tinha lavado e passado a ferro durante uma hora e meia, e precisava terminar o trabalho".*[8]

Em setembro de 1910, Millikan publicou um segundo e importante trabalho sobre a carga do elétron – o primeiro baseado em gotas de óleo – na revista *Science*. Millikan ainda não lera o trabalho de Ehrenhaft de alguns meses antes, atacando as suas conclusões com o seu próprio material. O segundo trabalho de Millikan foi escrito no mesmo estilo que o anterior. Embora ele não classificasse as gotas, admitiu abertamente que não havia incluído algumas delas em seus cálculos da carga do elétron. Em alguns casos, explicou ele, isso se devia ao grande erro experimental que elas apresentaram – "quando as velocidades são lentas demais, correntes de convecção residual [correntes no ar, causadas pelo calor] introduzem erros, e, quando essas correntes são

* A confusão foi entre *watched* (observado) e *washed* (lavado), e entre *an ion* (um íon) e *and ironed* (e passado a ferro), palavras cuja pronúncia pode ser muito semelhante em inglês. (N.T.)

rápidas demais, a determinação do tempo se torna incerta". Em outros casos, ele as omitiu porque seu valor era "irregular", desviando-se da norma por uma grande margem. A inclusão dessas gotas, porém, não teria afetado significativamente o valor médio da carga do elétron, apenas no nível do erro experimental. Millikan escreveu que "o método usado é tão simples, e a conclusão decorre tão inevitavelmente do material experimental, que mesmo um homem da rua dificilmente deixará de entender o método ou de apreciar os resultados".[9]

Millikan continuou aperfeiçoando o seu equipamento – instalou um cronômetro mais acurado e melhorou o controle da temperatura, por exemplo – e fazendo mais observações ao longo de 1911 e em 1912. Na primavera de 1912, ele passou várias semanas examinando dezenas de gotas de óleo, observando-as ao microscópio que havia colocado na parede da sua câmara. Na tarde de 15 de março, uma sexta-feira, ele passou cerca de meia hora perscrutando ao microscópio a gota de número 41, e para isso usava um cronômetro para marcar seu tempo de subida e queda entre as pequenas retículas. Ele conseguia ver essa gota com muita nitidez, e as fontes comuns de perturbação, como correntes de ar, estavam ausentes. A despeito da monotonia do trabalho, ele foi ficando cada vez mais entusiasmado. Quando acabou de registrar os dados em seu caderno de anotações do laboratório, acrescentou no canto esquerdo inferior do papel a linha citada como introdução neste livro: "Beleza. Publicar isto sem falta, é belíssimo."[10]

Por volta dessa época, Millikan já sabia do trabalho de Ehrenhaft – e de seus ainda mais veementes sucessores –, que o acusava de ter falsificado suas conclusões e dizia que os seus próprios dados demonstravam a existência de subelétrons. Em 1913, Millikan publicou um artigo extenso fundamentado no trabalho com seu equipamento aperfeiçoado. Abalado pela acusação de Ehrenhaft, ele relatou, defensivamente, que os dados vinham de um conjunto de observações com 58 gotas, e que não se tratava de "um grupo selecionado de gotas, pois representa todas as gotas experimentadas durante 60 dias consecutivos".[11] Esse trabalho – ele escreveu – estabeleceu o valor para a carga do elétron ($4{,}774 \pm 0{,}009 \times 10^{-10}$ unidades eletrostáticas, ou esu) a 0,5%.

A comunidade científica aceitou os resultados de Millikan, com base não só em seu artigo, como também em outras evidências em apoio ao caráter atomístico da eletricidade, e ele recebeu o Prêmio Nobel em 1923, em parte por esse trabalho. Por alguns anos mais, Ehrenhaft continuou a fazer pressão a respeito dos subelétrons, mas finalmente acabou desistindo. Mais tarde, Ehrenhaft ficou obcecado com outra questão – monopólos magnéticos, que podem ser imaginados como ímãs com apenas uma extremidade. (Pode ser que eles existam, mas ninguém jamais viu um.) De vez em quando, Ehrenhaft comparecia a congressos científicos aferrando-se ao que ele afirmava ser uma prova da existência dos monopólos. Um momento pungente aconteceu em 1946, no encontro anual da Sociedade Norte-americana de Física, na cidade de Nova York. O jovem físico teórico Abraham Pais fazia uma apresentação que foi interrompida por Ehrenhaft, então com cerca de 60 anos e ainda batalhando pela causa do monopólo. Ele se aproximou do tablado pedindo a palavra, e foi polidamente retirado da sala.

Um jovem físico chamado Herbert Goldstein estava sentado perto de seu mentor, Arnold Siegers. "A teoria de Pais é muito mais louca que a de Ehrenhaft", Goldstein disse a Siegers. "Por que dizemos que Pais é um físico e Ehrenhaft um maluco?"

Siegers refletiu por um momento. "Porque", respondeu, "Ehrenhaft *acredita* na sua teoria."[12]

O que Siegers queria dizer é que a força da convicção de Ehrenhaft tinha interferido na atitude normalmente descompromissada que se requer dos cientistas, uma capacidade de arriscar e improvisar. (A convicção, disse Nietzsche, é mais inimiga da verdade do que as mentiras.)

Estaria Ehrenhaft certo ao dizer que Millikan inventara os seus dados? Holton examinou anotações que Millikan deixou em seus cadernos de laboratório e que serviram de base para seu artigo de 1913. Ele constatou que Millikan de fato havia estudado 140 gotas – não as 58 que afirmara. A declaração de Millikan de que "esse não é um grupo de gotas selecionadas, pois representa todas as gotas experimentadas durante 60 dias consecutivos" era, portanto, falsa. Embora essa revelação possa ser motivo de espanto, ela não perturbou muito o próprio Holton. Ele sugeriu duas explicações parciais. Uma era a controvérsia com Ehrenhaft: Millikan, convencido de que estava certo, não queria dar a Ehrenhaft mais munição, o que, a seus olhos, poderia apenas confundir a questão. A segunda explicação para que tenha omitido a menção às gotas fica clara a partir das fontes de erro experimental que Holton descobriu registradas nos próprios cadernos de anotações: "As voltagens da bateria caíram; o manômetro está bloqueado pelo ar; a convecção interfere com frequência; a distância deve ser mantida constante; ocorrem erros no cronômetro; o atomizador está com defeito." Millikan, em suma, não acreditava que as 82 gotas "que faltavam" tivessem de fato importância. Seus cadernos de notas assinalam a diferença entre gotas observadas sob condições perfeitas, que ele muitas vezes descreve como "belas", e gotas cuja observação foi afetada por vários graus de erro experimental. Eis um exemplo extraído por Holton do caderno de notas de Millikan na última semana do experimento:

> Beleza. Tempo e condições perfeitas, nenhuma convecção. Publicar [8 de abril de 1912]. Publicar Beleza [10 de abril de 1912]. Beleza Publicar [riscado e subs-

tituído por] Brownian apareceu [10 de abril de 1912]. Perfeito Publicar [11 de abril de 1912]. Entre as melhores [12 de abril de 1912]. Melhor ainda para todos os propósitos [13 de abril de 1912]. Beleza para mostrar concordância entre dois métodos para obter $v_1 + v_2$ Publicar sem dúvida [15 de abril de 1912]. Bom para mostrar dois métodos de obter v. Não. Algo errado com o termo.[13]

Millikan, portanto, pegou e escolheu as gotas que publicou e, para não alimentar as críticas de Ehrenhaft, deixou de relatar que as havia omitido, por considerá-las irrelevantes para a questão concreta da carga do elétron. Para usar a imagem de Holton, Millikan exerceu seu julgamento ao discriminar o que deixar na "janela" científica – o que ele aceitava como dados. Ao contrário disso, Holton escreveu, Ehrenhaft e seus assistentes "parecem ter usado tudo o que leram assiduamente, bom, mau ou indiferente!". Eles deixaram tudo na janela, e trataram tudo com igual valor.

Desde a publicação do artigo de Holton, os historiadores, jornalistas e cientistas debatem a validade e a ética do procedimento de Millikan. Na maioria das vezes, eles fazem um pacote da história de Millikan para exibi-la como uma lição, limpando e aparando o relato para deixar a lição clara – criando, de fato, demonstrações históricas. Em certa medida, esse processo ocorre em tudo o que se escreve a respeito de relatos históricos, mas no caso de Millikan isso é particularmente interessante. A historiadora da ciência Ullica Segerstrãle descreveu secamente o que aconteceu à história do experimento de Robert Millikan que ganhou o Prêmio Nobel como um caso de "pedagogia enlatada".[14] O que é notável nesse caso é a oposição polar das opiniões: de um lado, Millikan, o brilhante cientista, e do outro Millikan, o exemplo de uma fraude vergonhosa.

Por motivos óbvios, alguns jornalistas e divulgadores de ciência, ao fazerem uma leitura superficial do artigo de Holton, concentraram-se na omissão das gotas por Millikan – especialmente na falsa afirmação no trabalho de 1913, em que ele relatava todas as suas observações. Na visão deles, o laureado com o Nobel foi culpado de má conduta científica e até mesmo de fraude.[15] Em seu livro publicado em 1983, *Betrayers of the Truth: Fraud and Deceit in the Halls of Science*, os jornalistas William Broad e Nicholas Wade, do jornal *The New York Times*, apregoaram que "Millikan continuamente procurou fazer com que seus resultados experimentais parecessem mais convincentes do que de fato eram".[16] E o médico Alexander Kohn inclui Millikan entre os "falsos profetas" da ciência em seu livro que tem esse mesmo título, embora o autor pareça mais interessado pela suposta negligência de Millikan quanto às contribuições de seu aluno de pós-graduação Fletcher do que pela omissão dos dados.

Por outro lado, vários historiadores da ciência, concentrando-se no fato de que Millikan usou o que hoje parece ser um bom julgamento sobre a confiabilidade de seus dados, elogiou-o como exemplo de bom cientista. Esses estudiosos assinalam que frequentemente a reflexão científica não é uma questão de números, mas de julgamento, e destacam diversos casos históricos de cientistas que interpretaram corretamente experimentos nos quais a estrita dependência dos números teria conduzido ao erro. Quando se trata de dados, os números não são todos criados da mesma maneira. Em 1984, o historiador da ciência Allan Franklin analisou arduamente cada uma das gotas omitidas por Millikan em seu artigo de 1913 e mostrou que quase todas haviam mesmo sido omitidas por motivos decorrentes de erro experimental – e, talvez ainda mais importante, que ainda que Millikan as *tivesse incluído*, o resultado final não teria mudado substancialmente.[17]

Essas histórias tendem a ser recicladas por aqueles que estão mais interessados em sua lição favorita do que na exatidão histórica ou no processo científico. Cada versão omite a complexidade. A versão de "Millikan como mau cientista" deixa de lado as razões pelas quais nem todas as informações são boas, e, portanto, por que frequentemente é mais sensato descartar algumas delas; a versão de "Millikan como bom cientista" deixa de lado as pressões para se chegar primeiro ao resultado e, portanto, para comprometer o relato dos dados. Como Segerstrãle enfatizou, o choque brota em grande medida da aplicação de duas perspectivas muito diferentes, e em grande parte incompatíveis, do processo científico. Em uma delas, a perspectiva kantiana (ou "deontológica"), o comportamento ético consiste na intenção de aplicar a si próprio as mesmas regras que todo mundo aplica a si – e Millikan foi mau porque não seguiu as regras a respeito do relato dos dados. Na outra perspectiva, a utilitária, aquilo que importa à ciência, do princípio ao fim, é simplesmente obter o resultado correto – e foi isso que Millikan fez. De fato, como Segerstrãle observa, a ciência é tão competitiva que aqueles que não correm na frente para obter o resultado correto rápida e facilmente tendem a desistir.

A polêmica sobre a conduta de Millikan tornou difícil recuperar a beleza de seu experimento – mas ela vale o esforço da busca. Para tanto, devemos nos perguntar o que Millikan realmente *viu*. Ele perscrutou, através de um microscópio, o interior de uma câmara que ele próprio havia desenhado. Aquela câmara era como um pequeno palco para um tipo peculiar de ação desempenhada por um tipo peculiar de ator. Os atores que apareciam, um de cada vez, nesse pequeno palco eram pequenas gotas de óleo com uns poucos mícrons de diâmetro. Este é um tamanho tão mínimo – seu diâmetro tinha aproximadamente o comprimento de onda da luz visível – que a luz de fato se curvava em volta delas, e você conseguia ver a sua difração. Elas não pareciam sólidas nas retículas, e sim discos borrados, cercados por anéis de difração – motivo pelo qual Millikan não podia medir opticamente seus tamanhos e precisou recorrer à lei de Stokes para determiná-los. Cada gota, quando iluminada por uma lâmpada de arco voltaico, aparecia para Millikan como uma estrela piscando num céu escuro. As gotículas eram extremamente sensíveis ao meio, e reagiam a qualquer corrente de ar, a colisões com moléculas de ar, e aos campos elétricos que Millikan devia ajustar para fazê-las se mover. Ele viu as gotas irem para cima e para baixo em resposta à mudança do campo elétrico. Ele as viu derivar em outras direções em virtude das correntes de ar. Ele as viu balançar para trás e para a frente em decorrência do movimento browniano. Depois de observar uma gotícula se movendo no campo elétrico, de repente ela pulava ao encontrar outro íon no ar. "Um elétron isolado pulou sobre a gota. Na verdade, podemos ver o exato instante em que ele pula para dentro ou para fora."[18] Quando uma gotícula de óleo estava "se movendo para cima, com a menor velocidade que podia alcançar, pude ter certeza de que apenas um elétron isolado estava pousado nela".

Millikan sabia como fazer as gotas irem para cima ou para baixo, ou permanecerem absolutamente paradas. Ele se familiarizou com elas a ponto de reconhecer tudo o que estava acontecendo – e que o que estava acontecendo lhe mostrava algo novo a respeito de mundo. Há um prazer sensual em ver objetos se comportarem em situações complexas de acordo com leis que conhecemos intimamente – como ao olhar uma bola de basquete viajar pelo ar, quicar no aro da cesta contra a tabela, e então voltar e entrar na cesta. Só que Millikan via uma ação que lhe mostrava algo importantíssimo – a carga elétrica fundamental. Era o tipo de beleza de que Schiller falava, algo que "nos conduz para dentro do mundo das ideias sem, contudo, nos tirar do mundo dos sentidos".

Certa tarde, em Chicago, decidi por capricho encontrar o ponto onde Millikan tinha realizado sua famosa série de experimentos, merecedora do Nobel, para medir a carga do elétron – um momento de definição para a nossa era eletrônica. Dirigi-me à Universidade de Chicago e descobri o caminho para o Ryerson Hall, mas não consegui localizar uma placa comemorativa do feito. Também não encontrei ninguém andando pelos corredores que pudesse me dizer em que sala o experimento ocorreu; alguns até perguntaram quem era Robert Millikan. Uma secretária me sugeriu que procurasse o serviço de relações públicas, mas ali também os funcionários ficaram sem palavras. Não encontrei vestígios de Millikan nem de seu experimento no prédio, que agora é a sede do Departamento de Ciência da Computação. Demonstrações de laboratório e empacotamento históricas vão persistir – mas o verdadeiro experimento de Millikan, como a maioria dos experimentos em ciência, desvaneceu-se dentro da estrutura do edifício.

Interlúdio 8

A percepção na ciência

Os cientistas costumam dizer que "veem" os objetos com que trabalham, por menores ou mais abstratos que eles possam ser. A bióloga Barbara McClintock certa vez comentou, com relação à sua pesquisa sobre cromossomos: "Percebi que quanto mais trabalhava com eles, maiores eles se tornavam, e quando estava mesmo trabalhando com eles, eu não estava do lado de fora, eu estava ali dentro. Eu era parte do sistema. Eu estava ali dentro com eles, e tudo ficava grande. Conseguia até mesmo ver as partes internas dos cromossomos."[1] Os astrônomos muitas vezes falam de "ver" um planeta circulando em torno de um pulsar quando, por exemplo, pegam flutuações nos sinais de rádio emitidos pelo pulsar e causados por efeitos gravitacionais criados pelo corpo em órbita. E logo que uma nuvem de sódio foi descoberta, saindo de um vulcão na lua de Júpiter (Io) alguns anos atrás, publicou-se a declaração de um astrônomo dizendo que aquele era "o maior traço permanentemente visível no sistema solar".[2]

Pode parecer que tais declarações estão só um pouco acima do nível da conversa fiada, no mesmo plano que "estou vendo que vai chover", sem envolver de fato o ato de "ver". As verdadeiras entidades científicas – desde os elétrons até os buracos negros – serão acessíveis apenas por intermédio de alguma forma de mediação instrumental?

Quer os cientistas percebam quer não, o que eles estudam é importante para a questão da ciência e da beleza, pois a maioria das descrições da beleza enfatiza que ela envolve a percepção sensível, a apreensão de algo de modo imediato e intuitivo. Se os cientistas trabalhassem apenas com abstrações, inferências e equações, essa percepção sensível seria absolutamente impossível.

A percepção em ciência é um tema fascinante e complexo, mas ela não é diferente da percepção comum.[3] Nesta, afinal de contas, não vemos apenas formas ou faixas de cores – peras verdes e lápis amarelos –, e sim fenômenos muito mais complexos, até mesmo coisas como exemplos de coragem e eficiência, frustração e vício, logro e ambição. Como isso é possível? Um princípio fenomenológico básico, como mencionei no capítulo anterior, é que aquilo que percebemos não é automático nem pré-organizado, mas depende do que consideramos como primeiro plano e como segundo plano ou horizonte. O que percebemos, alguém poderia dizer, é "lido" como um sistema de símbolos contra um horizonte. Na percepção comum, o horizonte é em geral dado – mas na ciência somos capazes de mudá-lo graças a instrumentos e tecnologias confiáveis, e assim percebemos coisas novas. Isso pode ser tão simples quanto ver para onde o vento está soprando, ou que temperatura está fazendo, ao observar uma ventoinha ou um termômetro. Mas também pode ser mais complexo, como no caso de ver elétrons em trilhas de uma câmara de nuvem ou vários aspectos anatômicos com raios X – o que os cientistas podem e foram ensinados a fazer. Nos primeiros dias da física de alta energia, antes que os computadores predominassem, os cientistas contratavam donas-de-casa e até estudantes graduados em artes liberais para identificar múons, príons e outros tipos de trilhas de partículas. Não só a percepção humana sempre ocorre contra um horizonte, como também depende da instrução.

Sempre que percebemos um objeto, captamos certa regularidade ou invariância na sua aparência (ou perfil, como dizem os filósofos). Para mim, perceber um objeto como uma mesa e não como uma ilusão, um suporte de papelão ou uma escultura, é saber que, se eu andar em torno dele, verei outro lado que antes não era visível para mim, e que então não verei mais *esse* lado – e que por meio de todas essas mudanças, ainda estarei vendo o "mesmo" objeto. Esse horizonte implícito de aparências que "vem com" a minha visão de algo como um objeto não é uma especulação ou um palpite da minha parte; é isso que significa "ver um objeto". Se penso subitamente que estou vendo o presidente dos Estados Unidos no meio da calçada, diante de mim, posso caminhar para o lado, para obter um perfil em novo ângulo que me mostre se o objeto é apenas uma fotografia sobre um suporte, caso em que não posso mais vê-lo como uma pessoa, mas como um cartaz de papelão.

Perceber um objeto comum ou um objeto científico é captar um perfil particular dele com esse horizonte de perfis esperados. Isso é verdade mesmo quando vemos algo tão comum quanto uma maçã. A cada experiência sucessiva – agarrando-a, virando-a na mão, mordendo-a –, obtemos a realização crescente de seu horizonte de perfis. Podemos nos surpreender – a maçã pode afinal ser feita de madeira ou vidro, digamos. Mas percebemos que essa é uma experiência que reformula o horizonte de perfis, porém não o elimina.

Embora as invariâncias na percepção comum sejam intuições de regularidades físicas, as invariâncias nos objetos científicos em geral são descritas por meio de teorias. Ver um cromossomo, um planeta, uma nuvem de sódio ou outro objeto científico é compreender que aquele objeto obedece a certas regularidades ou invariâncias – definidas pela teoria que trata daquele objeto. Se vamos ou não continuar a ver esses fenômenos dessa maneira dependerá de como seus perfis preencherão as expectativas levantadas por essas invariâncias.[4]

"Assombro" é o nome que damos para o desejo de explorar os perfis dados e prometidos de um fenômeno apenas por ele mesmo – ao nos engajarmos em uma experiência que produz satisfação – e acontece não só com os humanos, mas também com os primatas e outras criaturas. Assim, o assombro "certamente não é uma mera construção social", escreve o filósofo Maxine Sheets-Johnstone, mas faz parte da linhagem evolucionária. O temperamento científico persegue essa aventura por meio do experimento, que produz novos e muitas vezes inesperados perfis dos fenômenos.

No caso da maioria dos objetos – xícaras, cadeiras, até mesmo pessoas –, sabemos muito bem o que esperar no horizonte dos perfis. Afinal, temos não só consciência de que surpresas nos aguardam, como também a expectativa de surpresas. A essas coisas chamamos de "misteriosas". O temperamento científico envolve a abertura da possibilidade de sermos surpreendidos. Isso está certamente por trás da observação de Einstein de que "a coisa mais bela que podemos experimentar é o sentimento do mistério. Essa é a fonte de toda a arte e de toda a ciência verdadeiras".[5]

Nos laboratórios, podemos criar ambientes especiais de fundo com instrumentos e tecnologias confiáveis – desde termômetros, raios x e NMRs até complexos detectores de partículas –, graças aos quais novas coisas se apresentam. O aparelho de Millikan foi um exemplo. Em seu interior havia um mundo particular, e Millikan familiarizou-se perfeitamente com ele. Conhecia suas leis e suas perturbações. Reconhecia situações e comportamentos típicos daquele mundo, e também podia reconhecer situações e comportamentos atípicos, ao perceber que não compreendia o que estava acontecendo. Por essa razão, é apropriado dizer que ele podia *ver* coisas naquele mundo.

Esse tipo de familiaridade é o que cientistas, desde McClintock a Millikan, têm com objetos de suas pesquisas — sua capacidade de captar tão bem o mundo em que trabalham a ponto de ver objetos é uma condição para encontrarem nele alguma beleza.

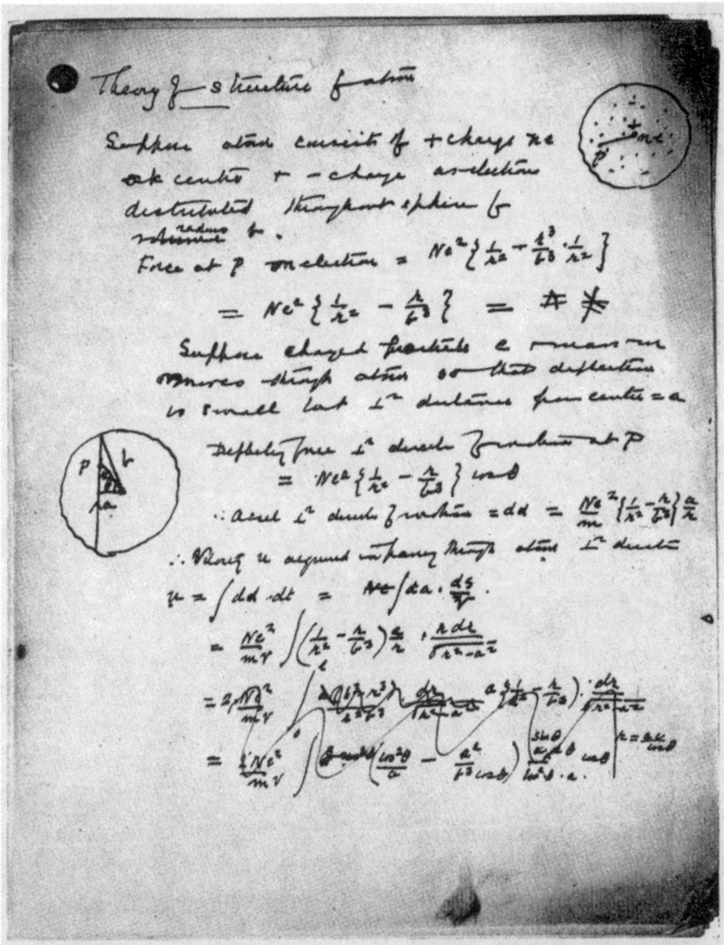

Primeiro rascunho de Rutherford sobre sua teoria nuclear da estrutura atômica, escrito provavelmente no inverno de 1910-11.

9

Beleza nascente
A descoberta do núcleo atômico por Rutherford

Na primeira década do século XX, um experimento engenhoso permitiu ao físico britânico Ernest Rutherford (1871-1937) descobrir a estrutura interna do átomo. Para surpresa dos cientistas, ele compreendeu que os átomos consistem em um centro com carga positiva, ou "núcleo", que contém quase toda a massa do átomo, cercado por uma nuvem de elétrons com carga negativa. Até então, a última estrutura da matéria era um daqueles mistérios – como o começo (e o fim) do Universo, a origem da vida e a existência de vida em outros planetas – que constituíam temas interessantes para a especulação, mas eram impossíveis para a investigação. Os cientistas perguntavam-se como a estrutura interna dos átomos poderia ser estudada se as próprias ferramentas de que dispunham eram, elas próprias, feitas de átomos. Seria o mesmo que tentar descobrir o que havia dentro de uma bola de borracha usando outra bola de borracha. A conquista de Rutherford marcou o nascimento da moderna física de partículas.

O caminho que Rutherford percorreu para chegar à sua descoberta nada teve de direto. Ele não começou decidido a encontrar a estrutura do átomo. Levou algum tempo para perceber que tinha em mãos uma ferramenta que lhe permitia realizar o experimento, para conceber o modo correto de usar essa ferramenta, e para compreender o que o experimento lhe mostrava. E demorou muito para que outros se convencessem disso.[1]

Rutherford era um homem alto e confiante, de rosto corado e bigode hirsuto, risada forte e voz tonitruante, que não parava de insistir com seus assistentes e colaboradores para que trabalhassem com a maior simplicidade. Para explicar seus êxitos, Rutherford gostava de dizer: "Sempre acredito na simplicidade, pois eu mesmo sou um homem simples."[2] Isso não era bazófia. Ele compreendia o valor dos equipamentos simples para convencer a natureza a revelar seus segredos mais profundos.

De fato, os experimentos de Rutherford, por serem simples e conclusivos, estão entre os mais belos da ciência. J.G. Crowther, seu colega e algumas vezes concorrente, escreveu sobre sua perplexidade ao ver como as ideias simples que Rutherford incorporava em seus experimentos ainda podiam ser eficazes no século XX: "Poderíamos imaginar que, após três séculos de um intensivo desenvolvimento da física, as ideias teriam necessariamente evoluído para uma sutileza complicada e que todas as ideias simples teriam sido usadas e se exaurido."[3] E, de acordo com outro colega, A.S. Russell, "numa visão retrospectiva, podia-se apreciar a beleza do método de investigação, assim como a facilidade com a qual se chegava à verdade. O mínimo de agitação acompanhava o mínimo de chance de erro. Com um movimento a distância, Rutherford enfiava a agulha, por assim dizer".[4]

Parece que Rutherford não tinha grande apreciação pelas artes. Quanto a seus gostos musicais, quando irrompia em canções da sua preferência "era em geral uma versão desafinada de *Onward Christian Soldiers*, entoada com grande entusiasmo".[5] Mas a maneira como se empenhou em arrastar a estrutura subjacente do mundo para a luz teve todas as marcas – intensa energia, profundo respeito pelo material, forte imaginação física – do bom artista. De fato, Rutherford afirmou certa vez que "o processo da descoberta pode ser encarado como uma forma de arte".[6]

Mas assim é na arte como na ciência: o processo criativo é frequentemente repleto de meandros, o retrocesso é comum, e os artistas muitas vezes só no final percebem o que estão buscando. Uma ilustração clássica disso é a obra-prima de Rutherford, a descoberta do núcleo atômico.

Rutherford nasceu na Nova Zelândia, e na juventude mexia com câmeras, relógios e pequenos modelos de rodas-d'água no moinho de seu pai. Em 1895, ganhou uma bolsa de estudos especial que o levou à Inglaterra e ao Laboratório Cavendish, que o historiador da ciência J.L. Heilbron chamou de "berçário dos físicos nucleares".[7] Ele chegou lá quando se iniciava um período de grande demanda e estímulo à física. O físico alemão Wilhelm Roentgen descobriu os raios X em 1895, o físico francês Henri Becquerel descobriu a radioatividade em 1896, e o físico britânico J.J. Thomson – que era diretor do Laboratório Cavendish – descobriu o elétron em 1897.

Rutherford distinguiu-se rapidamente nessa atmosfera intensa, e em 1898 deixou o "berçário" ao aceitar o posto de professor na Universidade McGill, em

Montreal, onde permaneceria até 1907. Pouco antes de deixar a universidade, enquanto estudava a radioatividade, ele fez a descoberta inesperada e crucial de que o urânio emitia dois tipos diferentes de radiação. Para demonstrar isso, concebeu um experimento simples e extremamente convincente, como era seu hábito: recobriu urânio com camadas de folhas de alumínio e mediu a quantidade de radiação que as atravessava. Uma ou duas camadas diminuíram a quantidade, mas com três camadas a radioatividade caía visivelmente. Estranhamente, a radiação remanescente não era bloqueada de modo significativo por uma quarta ou uma quinta camada. Ela continuava a passar, até que Rutherford cobria o urânio com muitas camadas de alumínio. Para ele, isso demonstrou que o urânio emitia dois tipos de radiação, sendo uma bem mais poderosa que a outra. Ele chamou o tipo menos penetrante de "raios alfa", e o mais penetrante "raio beta", seguindo as duas primeiras letras do alfabeto grego.

Os raios alfa – o que eram, como se comportavam e para que poderiam servir – acabaram se tornando o ponto central da carreira de Rutherford. Seus alunos gostavam de dizer que a partícula alfa era uma pequena criatura a que seu mentor tinha dado vida por acaso e depois tornado toda sua. Eles dois – Rutherford e sua pequena criatura – fariam maravilhas juntos. Ela passou a ser a sua ferramenta para destrancar o interior do átomo, embora ele também tenha descoberto isso por acaso.

Rutherford logo compreendeu que nem os raios alfa nem os raios beta eram de fato raios, no mesmo sentido que, digamos, os raios X. Eram pedacinhos de matéria carregada de eletricidade que os átomos de urânio expeliam por motivos até então desconhecidos. Os raios beta tinham carga negativa e logo confirmaram ser elétrons, mas a natureza dos raios alfa, que tinham carga positiva, foi inicialmente um quebra-cabeça. Rutherford o resolveu. Ele percebeu que a massa desses raios era similar à dos átomos de hélio – mas seriam eles átomos de hélio? Concebeu então outra demonstração simples e engenhosa para comprovar essa hipótese. Para isso, encomendou a um soprador de vidro um tubo com paredes finas o bastante para permitir que os raios alfa as atravessassem, porém fortes o bastante para que não se partissem sob a pressão atmosférica. Encheu esse tubo com radônio, um elemento gasoso conhecido como emissor de raios alfa, e cercou-o com outro tubo de vidro hermeticamente fechado, deixando um espaço vazio entre os dois tubos. Em seguida, bombeou para fora todo o ar contido nesse espaço, produzindo vácuo; a única coisa que podia penetrar ali eram os raios alfa, que atravessavam as paredes do tubo interno. Rutherford descobriu que se coletava um gás lentamente naquele espaço, numa taxa proporcional àquela com que as partículas alfa passavam através da parede interna. Então testou o gás e verificou que era hélio. Os raios alfa – ou partículas alfa, como passaram cada vez mais a ser chamados – eram átomos de hélio. "Este experimento", escreveu Mark Oliphant, aluno de Rutherford, "despertou grande interesse graças à sua simplicidade imediata e à sua beleza."[8]

Mas o mistério permaneceu. Como as partículas alfa, de carga positiva, podiam se transformar em hélio, que normalmente é eletricamente neutro? E, além disso, o que os átomos de hélio estavam fazendo dentro de átomos de urânio? Seriam eles como peças que se lascavam de um bloco atômico, ou algo assim? Qual a relação deles com o restante do núcleo de um átomo? O caminho de Rutherford para chegar à solução desse quebra-cabeça foi indireto. Começou com uma polêmica amistosa com Becquerel, cujos experimentos com partículas alfa tinham algumas discrepâncias com os de Rutherford. Depois de observar seus resultados conflitantes, os dois estudaram o assunto mais atentamente, e comprovou-se que Rutherford estava certo. Mas a disputa estimulou a curiosidade dele. Por que era tão terrivelmente difícil medir as propriedades das partículas alfa? Como Becquerel, que ele sabia ser cuidadoso, havia se equivocado? O motivo era a propriedade que as partículas alfa têm de ricochetear espalhando moléculas de ar.

Rutherford conhecia bem esse comportamento, que demonstrou, como de costume, em seu estilo simples e direto: primeiro disparou um feixe de partículas alfa sobre uma placa fotográfica no vácuo, obtendo uma mancha áspera e brilhante no ponto de impacto. Depois disparou o mesmo feixe sobre a mesma placa, desta vez não no vácuo, mas através do ar. A mancha se espalhou e ficou borrada. A propagação da mancha, escreveu Rutherford em 1906, devia-se à "dispersão dos raios" quando eles soltavam moléculas no ar. Embora Rutherford ainda não soubesse, a descoberta do papel da dispersão seria um passo fundamental para a descoberta do núcleo.

Dois anos mais tarde, Rutherford recebeu o Prêmio Nobel, curiosamente o de química e não o de física, por sua "pesquisa sobre a desintegração de elementos e sobre a química das substâncias radioativas". Durante a cerimônia, ele comentou jocosamente que tinha visto muitas transformações em seu trabalho, porém a mais rápida a que assistiu foi a sua transformação de físico em químico. Por essa época ele havia se transferido para a Universidade de Manchester, na Inglaterra. E à medida que se interessava cada vez mais em medir precisamente as várias propriedades das partículas alfa, ficava também mais frustrado com a dispersão. Ela afetava seriamente, por exemplo, suas tentativas de medir a carga das partículas alfa disparando-as, uma a uma, dentro de um detector. Seus colegas também ficavam perturbados pela dispersão, e um deles, W.H. Bragg, enviou-lhe alguns desenhos de trajetos "com cantos" que as partículas haviam deixado em câmaras de nuvem. "A dispersão é o diabo", queixou-se Rutherford numa carta a outro colega.

Exasperado, ele acabou pedindo a seu novo assistente, Hans Geiger, para medir a dispersão. (Anos depois, Geiger inventou o famoso contador Geiger, que detectou a radioatividade eletronicamente em laboratórios e em inúmeros *thrillers* produzidos após a Segunda Guerra Mundial.) Dava assim mais um exemplo da atitude de vigilância do experimentador – o mesmo instinto que levou Cavendish a medir a força dos campos magnéticos em seu aparato da barra de torção, e Millikan a estudar a evaporação das gotas d'água. Se você depara com uma força perturbadora em seu experimento, meça-a primeiro diretamente, depois desconte-a do resultado. O pedido de Rutherford a Geiger acabou levando a mais um passo fundamental no caminho para a descoberta do núcleo atômico. Isso, também, Rutherford não percebeu de saída. Segundo ele, parecia simplesmente que estava sendo forçado a tentar compreender e quantificar uma perturbação que atrapalhava a precisão de suas medidas da massa e da carga das partículas alfa.

Medir as partículas alfa foi uma tarefa árdua. Rutherford e Geiger haviam aprendido que, quando as partículas alfa tocam certos tipos de substâncias químicas como o sulfeto fosforescente de zinco, elas criam pequenos flashes momentâneos conhecidos como "cintilações", que podem ser vistos ao microscópio. Era a primeira vez que átomos individuais (partículas alfa sendo contadas como átomos de hélio) eram detectados visualmente. Ao olhar para telas pintadas com tais substâncias, os cientistas podiam estabelecer onde as partículas alfa atingiam a tela, proporcionando assim informações sobre suas trajetórias. Mas, para observar as fugidias e efêmeras cintilações, Geiger precisava sentar-se no escuro por no mínimo 15 minutos para ajustar seus olhos o suficiente para enxergar os flashes. Era uma tarefa tediosa e que demandava tempo.

O equipamento que Geiger usou para medir a dispersão era simples para os padrões atuais. Uma pequena bolinha de rádio – elemento intensamente radioativo que disparava partículas alfa em fluxos quase contínuos – colocada numa latinha de metal. A latinha era provida de fendas que deixavam passar uma linha fina de partículas alfa para dentro de um tubo de vidro com cerca de 1,20m de comprimento. Todo o ar era bombeado para fora desse tubo de tiro, de forma que as partículas alfa não eram dispersadas pelas moléculas de ar. Conectado a esse tubo de tiro havia outro, semelhante, também sem ar, através do qual as partículas alfa passavam, antes de encontrar a tela de sulfeto de zinco. Espiando através de um microscópio ajustado à tela, Geiger podia observar os flashes e medir suas posições. Quase invariavelmente, esses flashes ocorriam no mesmo ponto. Então Geiger colocou pedacinhos de folha metálica entre o primeiro tubo de vidro e o segundo. Agora os flashes não incidiam todos no mesmo ponto, e alguns pareciam dançar sobre a tela.

Geiger explicou o que estava acontecendo em palestra na Royal Society em junho de 1908. A maioria das partículas alfa navegava diretamente através das folhas metálicas, disse ele, mas de vez em quando uma era espalhada por elas. Como acontece quando um taco de bilhar se choca com uma bola parada, a partícula alfa era jogada para um lado. Além disso, quanto mais espessa a folha metálica, maior o número de partículas alfa a se espalhar e maior o ângulo em que elas se desviavam do trajeto. Evidentemente, essas partículas alfa haviam colidido com vários átomos quando passaram através das folhas mais espessas. E mais ainda: folhas feitas de elementos mais pesados, como ouro, dispersavam mais partículas alfa que folhas feitas de elementos mais leves, como alumínio.

Era difícil para Rutherford e seus colaboradores terem uma ideia do que estava acontecendo na dispersão. As partículas alfa, eles sabiam, eram disparadas do rádio a uma velocidade extrema – da ordem de 16 mil quilômetros por segundo. Era difícil imaginar como os átomos na fina folha metálica podiam desviar entidades tão imensamente energéticas. Rutherford e seus colaboradores, na verdade, ainda não dispunham da moderna imagem das partículas alfa, representadas como bolas de bilhar ou balas; tudo o que sabiam era que as partículas alfa eram essencialmente átomos – de hélio –, mas nada conheciam a respeito da estrutura desses átomos. A descoberta de que alguns átomos, pelo menos, emitiam partículas alfa positivamente carregadas e partículas beta negativamente carregadas tinha inspirado muitos cientistas a pensar sobre a estrutura interna dos átomos (incluindo partículas alfa/átomos de hélio). Os átomos certamente continham elétrons. Uma vez que os átomos comuns são eletricamente neutros, eles continham também uma carga positiva. Mas como, e de que forma? Em 1904, J.J. Thomson propôs que um átomo consistia em elétrons mantidos juntos por meio de uma geleia positiva – como as ameixas em um pudim de ameixas, dizia-se, o que fez essa representação ficar conhecida como modelo do pudim de ameixas. No mesmo ano, um cientista japonês propôs um modelo planetário, em que o átomo consistia em um centro e satélites circundantes. Mas como se tratava de meras suposições, era difícil representar o que acontecia quando uma partícula alfa/átomo de hélio era disparada por outro tipo de átomo.

Prosseguindo na tentativa de compreender a dispersão, Geiger passou a ter como assistente Ernest Marsden, um aluno de graduação nascido, como Rutherford, na Nova Zelândia. Durante o outono de 1908 e a primavera de 1909, Geiger e Marsden melhoraram o equipamento, inseriram arruelas para reduzir o número de partículas dispersadas das paredes do tubo e usaram um raio mais intenso, mas ainda assim não conseguiram obter medidas consistentes. O problema parecia ser que as partículas alfa eram desviadas não só pela folha metálica, mas também pelo ar residual nos tubos e também pelas várias partes do tubo e o restante da aparelhagem experimental. Com tanta coisa a pipocar em volta, ficava difícil dizer o que estava sendo dispersado e de onde.

Certo dia, no começo da primavera de 1909, Rutherford, que acompanhava o trabalho de Geiger e Marsden e via crescerem as suas atribulações, entrou no laboratório dos dois e, como Marsden depois relatou, disse: "Vejam se conseguem captar algum efeito das partículas alfa diretamente refletidas de uma superfície metálica." Rutherford queria que eles refizessem o experimento a fim de verificar se as partículas alfa saltariam diretamente da folha metálica, como bolas de tênis quando batem em uma parede, em vez de serem dispersadas, como quando passavam através dela. Novamente Geiger e Marsden desenvolveram um dispositivo experimental simples. Eles deslocaram a tela para o lado e cobriram-na com uma placa de chumbo para bloquear todas as partículas alfa, impedindo-as de alcançar a tela, com exceção daquelas que tivessem ricocheteado na folha metálica (FIGURA 9.1). Eles tinham de aumentar a intensidade de sua fonte ainda mais para maximizar o número de partículas que se deslocavam em ângulos obtusos. Quase de imediato compreenderam que algumas partículas eram mesmo disparadas para o lado. Depois de várias semanas de experimentação, usando diferentes tipos de folhas metálicas com diferentes espessuras, eles descobriram que cerca de uma em oito mil partículas alfa era refletida em um ângulo maior do que 90 graus. "De início", Geiger escreveu dois anos depois, "não conseguíamos compreender isso [a dispersão em ângulo obtuso] de modo algum."[9]

Por essa época, Rutherford havia percebido, para seu desgosto, que, se as partículas alfa fossem dispersadas por um ou mais encontros casuais com átomos, ele teria de aprender muito mais sobre matemática das probabilidades para entender o processo. Assim, no início de 1909, matriculou-se num

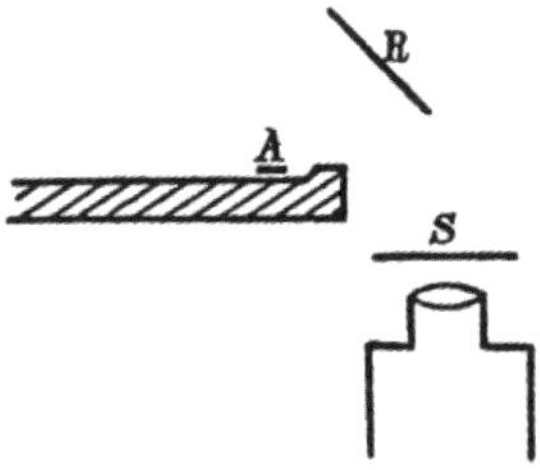

Figura 9.1. Esboço do dispositivo experimental de Geiger e Marsden para medir a dispersão em ângulo obtuso.

curso introdutório de cálculo probabilístico. O laureado com o Nobel anotou com aplicação as aulas e fez seus exercícios, e finalmente conseguiu elaborar uma teoria do que chamou de "dispersão múltipla", adequada aos casos em que as partículas se dispersavam por encontros aleatórios com vários átomos, cada um dos quais dispersava as partículas alfa em pequena quantidade. Mas a teoria da dispersão múltipla não parecia encaixar-se na dispersão em ângulo obtuso que Geiger e Marsden estavam encontrando naquela ocasião.

Numa palestra dada no final de sua vida, Rutherford falou sobre a época em que Geiger e Marsden fizeram o experimento pela primeira vez:

> Então me lembro de que dois ou três dias depois Geiger me procurou muito entusiasmado e disse: "Conseguimos obter algumas das partículas alfa que vinham de trás..." Era sem dúvida o acontecimento mais inacreditável que eu jamais testemunhara na minha vida. Era quase tão inacreditável como se você tivesse disparado uma bala de 38cm num lenço de papel e ela tivesse voltado e batido em você.[10]

A incredulidade de Rutherford é um exemplo da percepção do experimentador. Em termos de física, era inacreditável – uma pesada partícula alfa disparada a cerca de 16 mil quilômetros por segundo, quicando de uma tira de folha metálica! Mas até mesmo a prodigiosa imaginação de Rutherford para a física não conseguia captar rapidamente como aquilo era inacreditável.

Primeiro ele pensou que as dispersões em ângulo obtuso não podiam ser atribuídas à dispersão múltipla – isto é, que as partículas alfa deviam ter colidido com um número extremamente grande de átomos – e que isso parecia tê-las de algum modo chutado para trás. Mas, no decorrer do ano seguinte, enquanto trabalhava com a teoria das probabilidades e digeria os resultados desse experimento, assim como os de alguns desenvolvimentos adicionais, sua concepção começou a se modificar. Um desses desenvolvimentos foi sua convicção crescente de que uma partícula alfa não era um glóbulo ou um pudim, mas podia ser tratada como um ponto. Esse foi um passo enorme porque, entre outras coisas, simplificou bastante a matemática da teoria da dispersão. Também o ajudou a perceber como a dispersão da partícula alfa era uma excelente ferramenta. Se você conhecia o bastante sobre dispersão e aprendesse como ela era afetada por vários parâmetros, tais como a distribuição de carga e de massa, poderia reverter o processo e descobrir, a partir do modo como as partículas alfa eram dispersadas, informações sobre o meio dispersante. A dispersão passava a ser então não um efeito desagradável com que os experimentadores tinham de coexistir, mas um fenômeno interessante que lhes podia dizer algo sobre outras coisas.

Para Rutherford, especialmente, foi como abrir os olhos para o que a dispersão das partículas alfa poderia lhe revelar sobre a própria estrutura do átomo. Segundo Geiger, Rutherford teve uma compreensão fundamental pouco antes do Natal de 1910:

> Um dia, Rutherford, obviamente no seu melhor humor, veio à minha sala e me disse que agora sabia com que o átomo se parecia e como explicar as amplas deflexões das partículas alfa. No mesmo dia, iniciei um experimento para testar as relações esperadas por Rutherford entre o número de partículas dispersadas e o ângulo de dispersão.[11]

E um dos convidados para os almoços dominicais de Rutherford, Charles G. Darwin, relembrou Rutherford dizendo exuberantemente naquela ocasião que "era mesmo muito bom ver as coisas que foram vistas na nossa imaginação serem demonstradas de modo visível".[12]

As simplificações da teoria da dispersão ajudaram Rutherford a compreender que as partículas alfa não podiam ser explicadas pela dispersão múltipla – elas não voltavam atrás por causa das múltiplas colisões, mas por uma única colisão. Isso, por sua vez, só podia acontecer se quase toda a massa do átomo estivesse concentrada em um único nódulo carregado no seu centro.

O que Rutherford viu evidentemente em sua imaginação foi que o átomo consistia em um centro maciço e carregado, cercado na maior parte por um espaço vazio – mais vazio ainda do que o sistema solar. Se um átomo fosse ampliado até o tamanho de um estádio de futebol, o núcleo seria do tamanho de uma mosca no seu centro, enquanto os elétrons seriam ainda menores e estariam distribuídos pelo restante do campo. Praticamente toda a massa do estádio, contudo, estaria contida naquela pequena mosca. Mas para Rutherford ainda não estava claro se esse ponto tinha uma carga positiva ou negativa. Em março de 1911, ele escreveu a um colega: "Geiger está desenvolvendo a questão da dispersão ampla e até agora os resultados que obteve são muito promissores para a teoria. As leis da dispersão ampla são totalmente distintas das da dispersão menor. ... Estou começando a pensar que o centro tem carga negativa."[13] As partículas alfa com carga positiva – evidentemente era o que ele pensava – estariam girando em torno desse centro de carga negativa assim como um cometa gira em torno do Sol.

Mas Rutherford hesitava em publicar a sua conclusão. Um motivo era que ela contrariava o modelo do pudim de ameixas de seu mentor, J.J. Thomson, que afinal de contas era o maior especialista mundial em física atômica. Mas então Rutherford teve um golpe de sorte. Um dos alunos de J.J. Thomson, J.G. Crowther, publicou um experimento com partículas beta que pretendia demonstrar que "a eletricidade positiva dentro do átomo ... se distribui bem uniformemente por ele".[14] Isso libertou Rutherford da situação edipiana de ter de atacar seu mentor diretamente; ele podia entrar na disputa criticando as conclusões de Crowther e, assim, preservando suas boas relações com Thomson.

Numa palestra informal feita em Manchester em março de 1911, Rutherford referiu-se aos resultados e à conclusão de Crowther – mas então assinalou que a descoberta feita por Geiger e Marsden da dispersão em ângulo obtuso "não pode ser explicada" pela teoria da dispersão múltipla. Ao contrário, disse, "parece seguro que esses desvios grandes das partículas alfa são produzidos por um único encontro atômico". Isso implicava, por sua vez, que um átomo "consiste em uma carga elétrica central concentrada em um ponto". Rutherford prosseguiu enterrando a conclusão de Crowther inteiramente ao observar que o seu próprio modelo podia explicar igualmente a maioria dos resultados experimentais de Crowther.[15]

Em maio, Rutherford submeteu a uma publicação científica um "belo e famoso artigo", como descrito por Heilbron. Seu título era "The Scattering of α and β Particles by Matter and the Structure of the Atom".[16] Depois de descrever o trabalho de Geiger e Marsden, a teoria da dispersão isolada e da dispersão múltipla, e o experimento de Crowther, Rutherford dedicou uma parte às "Conclusões gerais". Nessa apresentação formal do trabalho, ele escreveu: "Considerando a evidência como um todo, parece-me mais simples supor que o átomo contém uma carga central distribuída em um volume muito pequeno." Um dos artigos científicos seminais de todos os tempos acarretou, nas palavras de E.N. da C. Andrade, colaborador de Rutherford, "a maior mudança nas nossas ideias da matéria desde os tempos de Demócrito ... 400 a.C." Supunha-se que os átomos eram os tijolos básicos de construção da matéria – a palavra *átomo* vem do grego "indivisível" – e agora víamos uma descrição de suas partes internas e de sua estrutura.

Ao proporcionar uma imagem da estrutura atômica, o modelo de Rutherford abriu as portas para a solução de muitos dos problemas da física atômica. As partículas alfa, por exemplo, eram de fato pedaços do núcleo que, de alguma forma, haviam sido ejetados ou lascados dele – e tinham carga positiva, como o restante do núcleo, até desacelerarem o bastante para atrair elétrons, quando então se tornavam eletricamente neutros como átomos comuns de hélio.

Entretanto, nem Rutherford nem ninguém mais na ocasião parece ter visto essa descoberta como algo inacreditável ou que marcava uma época. Rutherford não falava sobre sua descoberta em suas cartas, e fez apenas duas breves referências a seu artigo num livro publicado quase dois anos depois,

Radioactive Substances and Their Radiations. O mundo científico como um todo também não se manifestou. Não há praticamente referências ao artigo de Rutherford nas principais revistas científicas da atualidade, nem nos registros dos congressos científicos mais importantes, nem em palestras proferidas por cientistas eminentes, incluindo J.J. Thomson.

Nós, no século XXI, penosamente sabedores da dramática história subsequente do núcleo, achamos isso espantoso. Mas o modelo de Rutherford ainda não estava conectado com a maciça quantidade de informação que químicos e físicos tinham sobre o átomo. De fato, seu modelo, estritamente falando, não poderia funcionar porque, de acordo com o que então se sabia, era instável sob o aspecto da mecânica. Só quando o cientista dinamarquês Niels Bohr chegou a Manchester em 1912 e aplicou ao modelo de Rutherford a ideia do quantum – que a energia nos menores níveis não vem em nenhuma das velhas unidades, mas apenas em pacotes de certos tamanhos específicos – é que o modelo subitamente pareceu estável. Não só isso. Bohr mostrou também como o modelo revisto à luz da teoria quântica explicava muito mais, por exemplo as frequências com que os átomos de hidrogênio emitem luz. Mais tarde ainda, outro aluno de Rutherford, Harry Moseley, demonstrou que o átomo de Rutherford-Bohr era responsável pelas frequências com as quais os elétrons mais internos dos elementos emitem raios X. Só então o átomo nuclear tornou-se tão óbvio para outros cuja intuição na física não era tão forte quanto a de Rutherford.

Hoje, é fácil descrever o experimento de Rutherford retrospectivamente, como ele o descreveu, como se a sua descoberta fosse um momento "eureca". Os manuais de física compararam o experimento à maneira pela qual os inspetores da alfândega antigamente procuravam contrabando num carregamento de feno, disparando tiros sobre ele; se as balas ricocheteassem, os inspetores descobriam que dentro da pilha havia alguma coisa muito mais densa que o feno. Mas quando Rutherford e seus assistentes embarcaram nesse experimento, não estava claro que as partículas alfa fossem como balas, nem era claro o que as fazia ricochetear, ou como. Todas essas coisas emergiram enquanto o experimento estava nascendo, não antes. E só muito depois da sua conclusão tornou-se óbvio como marcou época a descoberta feita por Rutherford e sua equipe.

Interlúdio 9

Artesanato na ciência

Certa vez, arquitetei uma forma de repetir o experimento com o qual Rutherford descobriu o núcleo atômico. Na prática, isso parecia bem simples: uma fonte, um alvo, telas de cintilação, pequenos flashes que podiam ser contados no escuro. Dei-me ao trabalho de juntar figuras e diagramas do experimento, relatos escritos por vários participantes e análises feitas por historiadores da ciência. Até decorei toda a matemática necessária. Imaginei realizar o experimento diante dos alunos – fazendo um vídeo ou um documentário, talvez. Para me auxiliar, aproximei-me de alguém que eu sabia que havia trabalhado com Rutherford nos experimentos de dispersão alfa, o físico Samuel Devons, no Barnage College. Fui ao seu escritório para explicar o esquema.

Minha sugestão fez Devons literalmente rolar de rir – durante muito tempo. Depois que finalmente se acalmou, ele me explicou que hoje é praticamente impossível obter a permissão para trabalhar com materiais radioativos da potência necessária. Era possível trapacear, e fazer o que os laboratórios das faculdades às vezes fazem – usar fontes permitidas, mais fracas, com equipamento eletrônico moderno que se pode deixar isolado por horas ou dias, coletando as informações. Mas não era isso, evidentemente, o que eu tinha em mente. Então ele disse:

> O principal problema, entretanto, é que esse experimento é uma espécie de artesanato, como a fabricação de um violino antigamente. Um violino não parece ser um objeto muito complicado. Imagine que você vai procurar um fabricante de violinos e lhe diz: "O senhor pode me ajudar a fazer um Stradivarius? Estou interessado na fabricação de violinos e gostaria de ver como esse violino era feito." Ele

iria rir de você assim como eu. Porque o artesanato constitui um conhecimento que você tem na ponta dos dedos, pequenos truques que você aprende ao fazer as coisas, e quando eles não funcionam você faz de novo. Você tem pequenos retrocessos e pensa: como vou resolver isso? E então encontra um jeito. Cada vez que seu experimento se modifica, você esquece todas as técnicas antigas e tem de aprender técnicas novas. E tem de sabê-las, porque quando está levando seu experimento ao limite, é muito fácil obter resultados espúrios. Você está arranhando o chão o tempo todo, e não sabe o que perdeu. Todo experimentador comete erros terríveis num momento ou no outro, e está ciente das muitas vezes em que seus amigos fracassaram ridiculamente porque seus resultados eram espúrios e foram publicados cedo demais. E você tem de levar o que tem ao limite. Se não fizer assim, alguém vai fazer primeiro, E isso é horrível, ser derrotado. Todos têm um armário repleto de descobertas que perderam porque foram cautelosos demais ou porque algum outro cara foi mais esperto. Certa vez, uma escola austríaca inteira trabalhou nas mesmas coisas que Rutherford, e mais ou menos na mesma época, mas ninguém sabe hoje quem eram eles. Por que não? Rutherford foi apenas um pouco mais ousado e habilidoso.[1]

O tipo de sabedoria artesanal que Devons descreveu não é encontrado, é claro, somente na física. Albert E. Whitford, um influente astrônomo norte-americano da metade do século passado, comentou que, no seu tempo, usar um grande telescópio exigia "alta habilidade artesanal – do tipo 'faça você mesmo'. Um verdadeiro domínio de um instrumento tão belo e rabugento, um grande telescópio". E até mesmo aprender as complexidades da máquina era um desafio. "A observação pelo telescópio, mesmo na melhor das condições, é tediosa", observou Allan R. Sandage, um influente cosmólogo que passou inúmeras noites anotando as informações com telescópios de grande porte; e ele acrescentou: "Sob as piores condições, sentimos frio e desconforto." Entretanto, as longas e desconfortáveis horas sozinho com o telescópio, sob o céu noturno, também estimulam o que o historiador da ciência Patrick McCray chamou de "uma ligação íntima entre o cientista e a máquina"[2] – a compreensão profunda que é necessária ao experimentador para saber o que o instrumento está revelando e o que não está.

Quando essa ligação existe, o resultado é uma performance que pode ser chamada de artística.[3] Performances podem ser classificadas em três grupos: repetições mecânicas, performances padronizadas e performances artísticas. A repetição mecânica tem um exemplo nos CDs ou nos pianos automáticos, que são codificados com sinais que fazem um dispositivo recriar uma peça musical. Mas a música, não importa quão bela ela seja, não é uma criação; é apenas o eco de uma criação. As performances padronizadas, por sua vez, envolvem um mínimo de artesanato; ações que podem ser executadas por apenas algumas pessoas treinadas se transformam numa prática que um grupo muito maior de pessoas sem tal treinamento pode executar com sucesso, como a técnica cirúrgica de uso dos raios laser para restaurar a visão dos míopes. Antes era o território de especialistas caros; hoje é praticada por cadeias de clínicas médicas comerciais.

A performance artística ultrapassa o programa padronizado; é a ação no limite do que já foi controlado e compreendido; é o risco. Como a descoberta do núcleo atômico por Rutherford revela, os objetos científicos têm de ser trazidos para fora de um pano de fundo muitas vezes confuso. O processo pode ser comparado à experiência que se tem ao estudar uma ilusão óptica na qual o contorno de algum objeto está oculto num desenho complexo. À primeira vista as linhas do objeto estão confusamente misturadas com um emaranhado de linhas e formas que produzem uma vaga tensão e certo desconforto, até que de repente nossa visão é reajustada e vemos o objeto – um coelho, digamos – no meio de folhas, galhos e grama. Os objetos científicos são frequentemente reconhecidos por meio de um processo análogo. No laboratório, contudo, nunca temos certeza de que um objeto está realmente presente, para começo de conversa. Além disso, nossos instrumentos produzem o desenho: tanto do objeto como do pano de fundo do qual temos de retirá-lo. Como resultado, o modo como preparamos o cenário para o experimento pode interferir em nossa habilidade para reconhecer um novo fenômeno, e podemos ter de alterar o experimento antes que aquilo que procuramos apareça.

O experimento de Rutherford ilustrou não só o artesanato em ação, mas também como o artesanato se torna padronizado e é transformado em técnica. Os fenômenos científicos podem seguir uma trajetória a partir de efeitos recém-descobertos (até mesmo de uma contrariedade, como no caso da dispersão de Rutherford) até as técnicas de laboratório e finalmente à tecnologia. Um efeito é alguma consequência característica instrutiva ou útil de um fenômeno científico; a dispersão das partículas alfa é um exemplo. Quando um efeito é sensível a alguns parâmetros buscados de um sistema – como a dispersão alfa de Rutherford era à distribuição de carga e de massa –, ele pode ser transformado em uma técnica porque pode ser usado para alterar, analisar ou medir aqueles parâmetros. E sempre é possível que a técnica possa se transformar em tecnologia – isto é, tornar-se padronizada o bastante para ser realizada por instrumentação de "caixa-preta" disponível comercialmente, cujos princípios não precisam ser totalmente captados pelo usuário. Por exemplo, a piezeletricidade, fenômeno no qual certos cristais, muitos deles de ocorrência natural, produzem choques momentâneos de dezenas de milhares de volts de eletricidade quando comprimidos da maneira correta. Esse fenômeno apareceu pela primeira vez em laboratório na passagem do século; manifestou-se pelo trabalho artístico dos irmãos Curie, que o produziram com um equipamento de laboratório muito complicado (um dos irmãos, Pierre, depois se casou com Marie Curie, que se tornou a primeira mulher a ganhar um Prêmio Nobel). Na época da Segunda Guerra Mundial, a piezeletricidade já se tornara padronizada o bastante para ser usada nos detonadores de bombas aéreas. Mais padronizado ainda, esse fenômeno laboratorial antes considerado exótico é hoje um lugar-comum nos sistemas de ignição de certos tipos de isqueiro.

Por que, então, o artesanato do experimento é tantas vezes menosprezado? Um dos motivos é a atitude dos próprios cientistas, ao exigirem de si mesmos e de seus colegas um padrão de exatidão quase irrealista, imune a qualquer sentimentalidade. Leon Lederman, ex-diretor do Fermilab, o laboratório nacional em Batavia, no Illinois, e laureado com o Nobel, com frequência repreendia a si próprio por suas "descobertas perdidas", e uma vez escreveu um trabalho sobre o que depois chamou de "os grandes peixes que escaparam do anzol". Lederman incluía entre estes a tentativa feita por sua equipe para localizar uma importante partícula que, seis anos depois, foi descoberta simultaneamente por duas outras equipes de pesquisadores. "Nossa ideia", escreveu, "[e] nosso conhecimento dos elementos cruciais da física, eram vagos." Mas o trabalho da equipe de Lederman foi considerado de primeiro nível pelos colegas; de fato, as duas equipes que finalmente descobriram a partícula, hoje chamada de "J/psi", usaram seu primeiro trabalho como guia. Quando conheci Lederman, perguntei-lhe se realmente acreditava que lhe faltara um conhecimento adequado da física naquele experimento. "Eu não estava em forma", ele respondeu. "Mas o experimento foi e ainda é visto por seus colegas como maravilhoso", eu disse. "Não maravilhoso o bastante", corrigiu. "Se tivesse sido um pouco mais maravilhoso, teríamos encontrado a J/psi. Eu devia ter sido esperto o bastante para usar detectores de granulação fina." Quando lembrei-lhe de que ele havia usado materiais espessos que excluíam o uso dessa espécie de detector, Lederman balançou a cabeça com obstinação. "Eu devia ter sido esperto o bastante para substituir o material espesso por material mais fino." "Mas", eu protestei, "isso significaria mudar toda a meta científica e a estrutura física do experimento em bases altamente especulativas." Lederman não se perturbou. "Se eu tivesse sido mais esperto", remoeu-se, "teria recomeçado o experimento do início. Mas não fui. Fui burro."

Por que Lederman e outros cientistas adotam de hábito uma atitude autodepreciativa a respeito de seus esforços e se recusam a tomar conhecimento do lado artesanal e, portanto, da falibilidade potencial sempre presente? Sua atitude, uma convenção que define o que é ter "a coisa certa" na ciência, atribui todo fracasso ao mau planejamento e ao mau juízo, e recusa os riscos inerentes e a incerteza nos esforços experimentais. Essa atitude os incita a um esforço maior em seu trabalho arriscado e exigente.

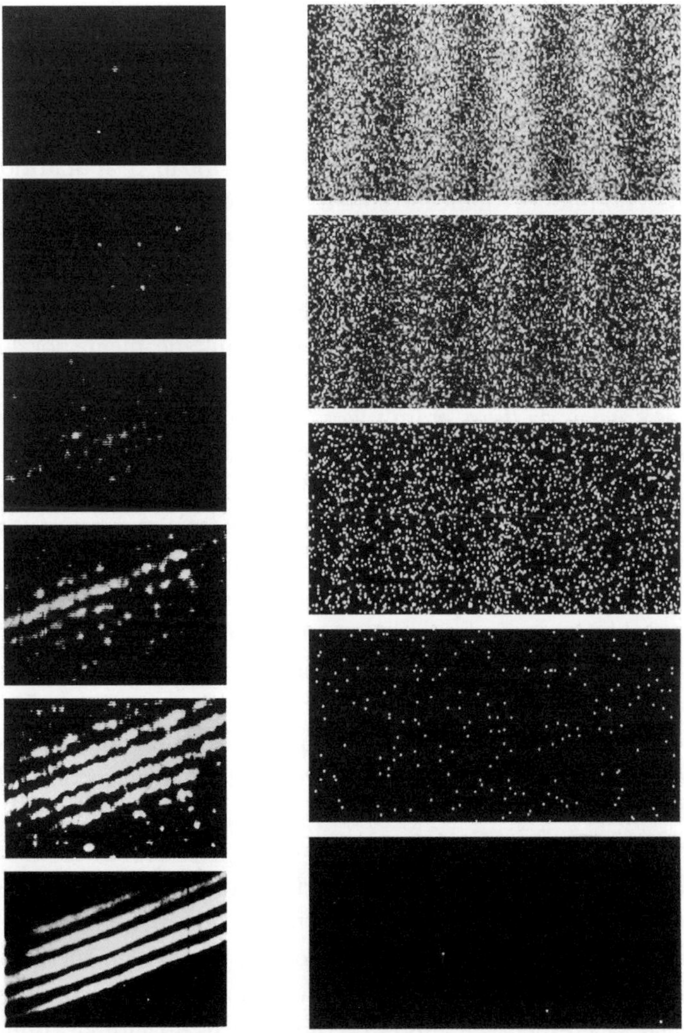

Construção gradual do padrão de interferência do elétron a partir de elétrons isolados, no experimento do grupo de Bolonha, em 1974 (à esquerda); e no experimento do grupo da Hitachi, em 1989 (à direita). As linhas normalmente verticais do grupo de Bolonha foram giradas por uma lente magnética no microscópio.

10

O único mistério:
A transferência quântica de elétrons isolados

Escolhemos examinar um fenômeno que é impossível, absolutamente impossível, explicar de qualquer maneira clássica, e que tem dentro de si o coração da mecânica quântica. Na verdade, ele contém o único mistério.

Richard Feynman

"Eu o vi durante um curso de óptica na Universidade de Edimburgo", escreveu uma astrônoma em resposta à minha enquete para a *Physics World*, referindo-se ao experimento das duas fendas com elétrons solitários. "O professor não nos contou o que ia acontecer", ela prosseguiu, "e o impacto foi tremendo. Não consigo mais lembrar dos detalhes experimentais – lembro-me apenas da distribuição de pontos que de repente vi arrumados em um padrão de interferência. Era tremendamente cativante, assim como uma obra-prima da pintura ou da escultura é cativante. Ver o experimento de dupla fenda ser realizado é como olhar para um eclipse total do Sol pela primeira vez: uma excitação primitiva atravessa seu corpo e os pêlos dos seus braços ficam em pé. *Meu Deus*, você pensa, *essa coisa de onda de partícula é mesmo verdade*, e as bases de seus conhecimentos balançam e são abaladas."

Em seu livro *Lições de física*, o físico norte-americano Richard Feynman, laureado com o Prêmio Nobel, assinalou que "o comportamento das coisas de escala muito pequena não tem nada a ver com qualquer experiência direta que você tenha tido". Ainda assim, como Feynman sabia muito bem, é muito fácil até mesmo para o físico mais bem preparado ignorar as complicações da mecânica quântica e, apesar de seu profundo conhecimento do assunto, imaginar que elétrons, prótons, neutrons e outras partículas "lá embaixo" agem como os corpos "aqui em cima" – isto é, objetos sólidos e individuais que percorrem trajetos definidos quando viajam de um ponto *A* para um ponto *B*, e que, se por algum motivo acabamos perdendo a sua pista entre os dois pontos, eles ainda estão "ali", em um lugar e em um momento. Mas podemos montar experimentos para mostrar que não é isso o que acontece no domínio do quantum. Isso contraria a crença – firmemente ancorada na ciência desde que o experimento de Eratóstenes nos ajudou a ter uma imagem do céu – de que temos a possibilidade de imaginar ou representar coisas fundamentais.

A única demonstração visível e dramática de que não podemos fazer isso – que as atividades do universo quântico não podem ser imaginadas – é uma versão do experimento das duas fendas, realizado por Thomas Young, mas dessa vez usando não a luz, e sim partículas subatômicas como os elétrons. Por causa da dificuldade técnica da sua preparação, e porque foi desenvolvido em etapas, ele é o único, entre os dez mais belos experimentos, que não está ligado ao nome de alguém, especificamente. Nós nos referimos a ele como o experimento de dupla fenda, ou experimento da interferência quântica com elétrons isolados. Segundo a minha pesquisa, ele foi, de longe, o mais citado. Minha enquete, na verdade, não foi muito científica. Mas não tenham dúvidas de que, por ser tão simples, incontestável e chocante, o experimento de dupla fenda ocuparia uma posição destacada em *qualquer* lista dos mais belos experimentos científicos.

Em suas palestras e em livros, Feynman descreveu com elegância a natureza estranha do comportamento quântico, comparando um trio de experimentos das duas fendas – um deles usando balas (partículas), outro usando água (ondas) e um terceiro usando elétrons (ambas e nenhuma das duas ao mesmo tempo) – para elaborar progressivamente, "por meio de uma mistura de analogia e contraste", as similaridades e diferenças em cada caso.[1]

Primeiro, disse Feynman, imagine um experimento no qual uma metralhadora dispare balas aleatoriamente sobre uma parede reforçada com placas que tenha dois furos. Cada um dos furos tem uma escotilha que pode ser usada para fechá-lo totalmente. Cada um deles é grande o bastante para deixar uma bala passar e atingir a parede traseira. Com exceção de umas poucas balas, todas as demais atingem a parede traseira nos mesmos dois lugares; um pequeno número delas ricocheteia fora dos limites dos furos e escapa em ângulo, de modo que nunca podemos prever exatamente onde uma determinada bala vai parar. Como parte desse experimento, disse Feynman, imagine que um "detector de balas" na parede traseira possa ser acionado para contar

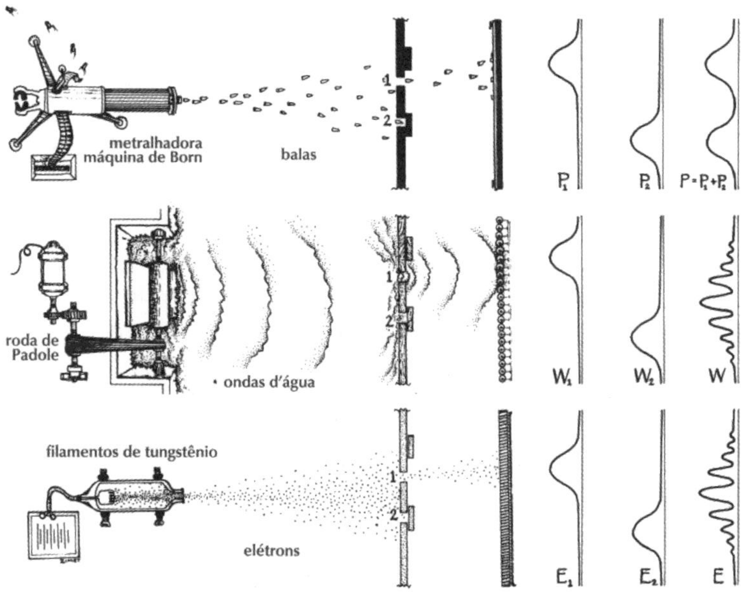

Figura 10.1. Três experimentos de dupla fenda ilustrando a ausência de interferência com objetos "inteiros" (balas); de interferência com objetos contínuos (ondas d'água); e de interferência com objetos aparentemente "inteiros" (elétrons).

o número de balas que atingiu qualquer ponto em particular. O objetivo do experimento é medir a probabilidade de as balas atingirem algum lugar em particular. Quando atiramos as balas e começamos a medir, a primeira coisa que descobrimos é que o detector sempre detecta balas completas: sempre encontramos uma bala inteira no detector, nunca meia bala ou uma fração da bala. O padrão de distribuição das balas é, portanto, "inteiro" – cada bala chega "de uma vez," escreveu Feynman –, e cada medida é de um número específico de balas inteiras. Mais importante: descobrimos que a probabilidade de achar uma bala em um lugar particular quando os buracos 1 e 2 estão abertos é igual à soma das probabilidades de quando esses buracos são abertos separadamente. Em outras palavras, a probabilidade de uma bala passar pelo buraco 1 não é afetada pelo fato de o buraco 2 estar aberto ou fechado.[2] Em termos ligeiramente diferentes, se você estiver em um local de prática de tiro e acertar no alvo em uma certa percentagem de tempo, essa percentagem não muda mesmo que alguém ponha um segundo alvo ao lado e comece a errar ou a acertar no seu alvo. Feynman chama a essa condição de "não interferência".

Agora, diz Feynman, imagine um segundo experimento, este envolvendo um tanque d'água e uma máquina de ondas em vez de uma metralhadora. Esse experimento também tem uma parede com dois buracos, uma parede traseira ou "praia" no outro lado, que não reflete as ondas que a atingem, e um detector que mede a intensidade do movimento da onda (na verdade, mede a altura ou amplitude da onda e eleva esse número ao quadrado para descobrir a intensidade). Isso é essencialmente o experimento de dupla fenda de Young aplicado a ondas d'água.

O objetivo desse experimento é medir a intensidade do movimento da onda quando o buraco 1 e o buraco 2 são abertos separadamente e quando são abertos juntos. Quando ligamos a máquina de ondas, diz Feynman, percebemos várias diferenças-chave entre este experimento e seus predecessores. A primeira é que as ondas podem ter qualquer tamanho – elas não são fragmentos, como as balas – e sua altura pode variar suave e continuamente. Além do mais, o padrão de intensidade da variação quando ambos os buracos estão abertos não é igual à soma dos padrões de quando eles abrem um de cada vez. A razão, como sabemos pelo experimento de Young, é que as ondas das duas fontes estão em fase em alguns lugares, e defasadas em outras. Aqui temos uma condição de "interferência".

Finalmente, o terceiro experimento imaginário de Feynman usa um revólver de elétrons que dispara raios de elétrons contra uma parede com dois buracos. Novamente, do outro lado da parede estão a parede traseira e um detector de elétrons. Aqui, lidamos com comportamento quântico, disse Feynman, e ocorre algo peculiar. Como no primeiro experimento, detectamos um padrão de distribuição "fragmentária", já que os elétrons parecem chegar ao detector um de cada vez e completos – o detector gera o "clique", um evento criado pela máquina para registrar a chegada de um elétron, ou não. Mas, como no segundo experimento, o padrão de distribuição dos elétrons com ambos os buracos abertos não é o mesmo que a soma dos padrões de quando os buracos são abertos separadamente. O resultado é um clássico padrão de interferência. Surpreendentemente, os elétrons agiram como ondas ao passarem pelas fendas, mas como partículas ao ativarem os detectores.

Você deve imaginar que, já que vários elétrons passam por ambas as fendas ao mesmo tempo, o padrão de interferência vem de alguma forma do fato de muitos deles colidirem uns com os outros. Mas uma variação do experimento, envolvendo um elétron de cada vez, mostra que isso não é verdade. Assim chegamos ao "único mistério".

Vamos agora ajustar o revólver de elétrons para que ele dispare apenas um elétron de cada vez, com uma cadência de tiro lenta o suficiente para que nunca haja mais de um elétron por vez passando pela fenda. Agora é impossível que ocorram colisões entre os elétrons. Quando ligamos o revólver de elétrons, eles se acumulam lentamente do outro lado. À primeira vista, todos os elétrons colhidos pelo detector aparecem de forma aleatória. Mas à medida que os dados se acumulam, nos espantamos ao ver um padrão se formando – de fato, um padrão de interferência! Aparentemente, cada elétron passa por ambos os buracos de uma vez, como uma onda, mas atinge o detector em apenas um ponto, como uma partícula. Como isso pode ser verdade? Mas é – e esse é o "único mistério", diz Feynman. "Eu não estou evitando nada; estou revelando a natureza em sua forma mais difícil e elegante."

Como é difícil produzir e observar elétrons solitários de forma confiável em isolamento nesse revólver, por muito tempo os físicos pensaram que seria impossível realizar tal experimento. Ainda assim, eles tinham absoluta confiança no que ocorreria se ele fosse realizado, pois dispunham de muitas outras evidências da natureza ondulatória dos elétrons. Como Feynman certo dia falou a seus alunos:

> Devemos começar avisando que vocês não deveriam tentar realizar este experimento. ... Ele jamais foi realizado dessa forma. O problema é que o aparato necessário teria de ser feito em uma escala impossivelmente pequena para mostrar os efeitos que nos interessam. Estamos realizando um "experimento em pensamento", que escolhemos porque ele é fácil de ser pensado. Conhecemos os resultados que *seriam* obtidos porque existem *muitos* outros experimentos já realizados nos quais a escala e as proporções foram escolhidas para mostrar os efeitos que iremos descrever.

Quando disse isso no início da década de 1960, Feynman aparentemente ignorava que a tecnologia estava chegando ao ponto em que experimentadores poderiam realizar um experimento quântico de dupla fenda real. Na verdade, isso já tinha sido feito em 1961 por um estudante de graduação alemão chamado Claus Jönsson.

Nascido na Alemanha em 1930, Jönsson era jovem o suficiente para não se alistar durante a Segunda Guerra Mundial. Quando os Aliados expulsaram o Exército alemão de Hamburgo, Jönsson e um grupo de colegas de escola com talento científico se apossaram de um equipamento abandonado pelas tropas alemãs. Eles arrancaram a bateria e partes elétricas de um jipe, e fizeram experimentos de polarização elétrica. A diversão terminou apenas quando, sem acesso a um equipamento de recarga, a bateria acabou.

Depois da guerra, Jönsson estudou na Universidade de Tubingen sob a orientação de Gottfried Möllenstedt, pioneiro em microscopia de elétrons, que trabalhava no Instituto de Física da universidade.[3] Möllenstedt era coinventor (com Heinrich Düker) do biprisma de elétrons, que era essencialmente um biprisma de Fresnel para elétrons (FIGURA 10.2). Como descrevi no Capítulo 6, o equipamento de dupla fenda de Young e o biprisma de Fresnel são métodos diferentes, mas conceitualmente similares, de dividir um raio de luz em duas séries de ondas que interferem uma com a outra. O método de Young dividia a luz de uma fonte singular em emanações de duas fendas separadas por uma pequena distância; Fresnel dividia a luz de uma fonte singular fazendo-a passar simultaneamente através de dois lados de um prisma triangular. O biprisma de elétrons de Möllenstedt de fato dividia um raio de elétrons em dois componentes colocando um fio extremamente fino em ângulo reto. O fio tinha de ser tão extremamente fino que primeiro ele cobriu os fios de seda de uma teia de aranha com ouro (ele mantinha uma coleção de aranhas em seu laboratório só com esse propósito). Depois descobriu um modo melhor e mais barato de manufaturar um fio ultrafino, usando fibras de quartzo estiradas com chama de gás e então cobertas com ouro. Quando a fibra colocada no biprisma foi carregada positivamente, ela de fato dividiu o raio em dois componentes ligeiramente inclinados um em direção ao outro, permitindo-lhes interferir.

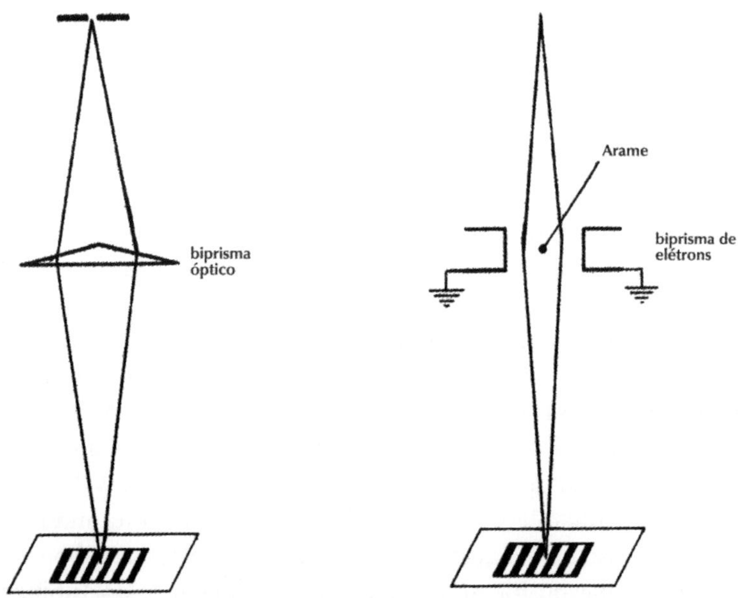

Figura 10.2. Ilustração da diferença entre uma lente óptica de Fresnel (à esquerda) e um biprisma de elétrons de Möllenstedt e Düker (à direita).

No verão de 1955, Möllenstedt e Düker reuniram seus companheiros do instituto, incluindo Jönsson, para exibir os primeiros padrões de interferência produzidos com o biprisma. Pouco depois, Jönsson concebeu a ideia de substituir o biprisma por uma pequena fenda dupla, em paralelo explícito ao experimento de Young, para tentar criar padrões marginais de interferência de dupla fenda com elétrons. Mas os obstáculos eram formidáveis. Ele teria de cortar fendas extremamente pequenas em uma folha de metal especial. Embora fendas ópticas possam ser abertas em algum material transparente, como uma lâmina de vidro, isso seria impossível no caso do experimento com elétrons, pois tal material os espalharia. A folha de metal teria de ser, portanto, mecanicamente estável ou forte o suficiente para aguentar firme quando atingida pelos elétrons. Aqui Jönsson encontrou a primeira "barganha do experimentador", já que cortar as fendas em um material de suporte grosso o suficiente para absorver elétrons tende a deixar cantos irregulares, e cortá-la em um suporte mais fino garante maior precisão, mas danifica a capacidade do material de suportar a si mesmo sem ondular, o que afetaria o comportamento dos elétrons ao passarem pelas fendas. Ao mesmo tempo, as fendas tinham de ser muito mais finas do que aquelas de Young, pois o raio de elétrons tinha apenas dez milionésimos de um metro (dez micrometros) de largura. Essas fendas tinham de ser bem limpas, pois os elétrons iriam ricochetear para fora se encontrassem qualquer irregularidade e se espalhariam aleatoriamente, destruindo aquilo que é conhecido como "coerência" dos elétrons.

Aqui as experiências de Jönsson com a bateria do jipe alemão vieram a calhar: com elas aprendera a valorizar muito a limpeza do substrato. Mas muitos cientistas seniores duvidavam seriamente de que Jönsson tivesse sucesso e insistiam com ele para desistir da ideia. Mas Möllenstedt o incentivou, dizendo que "*Es geht nicht' gibt es nicht für einen Experimentalphysiker*" [Não vai funcionar, não está no vocabulário de um físico experimental], e Jönsson seguiu em frente assim mesmo.

Depois de terminar a primeira parte de seus exames de doutorado em 1956, Jönsson começou a explorar métodos para cortar as fendas em um cartão fino o suficiente, e no ano seguinte ele havia achado um modo.[4] Na primavera de 1957, Jönsson passou na parte final teórica de seus exames, e se aproximou de Möllenstedt para conversar sobre a dissertação a respeito do tema. Originalmente, Möllenstedt queria que ele trabalhasse na interferência de biprismas, mas afinal concordou que Jönsson mudasse seu tema. A primeira parte do projeto incluía a construção da máquina que criaria fendas de menos de 800 bilionésimos de um metro (800 nanômetros) de diâmetro – um equipamento tão avançado para seu tempo que Jönsson se tornou um pioneiro no que chamamos hoje de "nanotecnologia". A segunda parte exigia que desenvolvesse um filme especial que funcionasse até mesmo com a baixa intensidade de elétrons.[5] Um problema constante era eliminar distúrbios mecânicos e magnéticos que distorceriam o padrão de interferência. Jönsson conseguiu a primeira fotografia de padrões periféricos em 1959 (FIGURA 10.3) e concluiu seu doutorado com o trabalho em 1961.

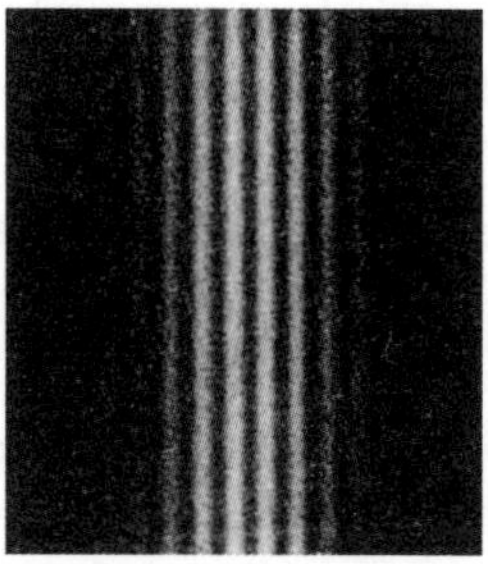

Figura 10.3. Padrão de interferência de elétrons no experimento de Jönsson.

Todos aqueles versados em mecânica quântica sabem que o experimento de Jönsson não abriu nenhum novo campo teórico, e ninguém se surpreendeu com o resultado. Ainda assim, ele ficou satisfeito em trazer para a realidade aquilo que depois seria chamado "um velho experimento imaginário da mecânica quântica que antes parecia impossível, e um experimento de grande importância pedagógica e filosófica". E quando seu trabalho foi traduzido para o inglês e publicado no *American Journal of Physics*, um periódico dirigido aos professores de física, os editores empenharam-se em elogiar o experimento de Jönsson. Podia não se tratar da última palavra em física teórica, eles escreveram no editorial, mas ainda assim era um "grande experimento" e "um *tour de force* técnico" que apresentava "a simplicidade de um experimento fundamental, real, pedagogicamente limpo, cuja descrição e estudo podem agora enriquecer e simplificar o entendimento da física quântica". Dessa forma, ele ajudava a suprir "as falhas da realidade experimental que ... transformam uma disciplina formal em uma profissão viva".

Naquele momento, ainda era impossível realizar o experimento de elétrons isolados, mas no espaço de uma década isso também mudou. A versão final do experimento também se originou em circunstâncias interessantes. Em 1970, Pier Giorgio Merli e Giulio Pozzi, dois jovens pesquisadores italianos do Laboratório de Microscopia de Elétrons da Universidade de Bolonha, participaram de um *workshop* internacional sobre microscopia de elétrons em Erice, na Sicília. Merli e Pozzi ficaram especialmente impressionados com uma palestra sobre novos intensificadores de imagens (essencialmente, amplificadores de luz) sensíveis o bastante para detectar elétrons solitários. Quando voltaram, estavam ansiosos por começar a pesquisar projetos que usassem esses instrumentos. A agência nacional de projetos científicos, o Consiglio Nazionale delle Ricerche (CNR), havia prometido financiar projetos científicos para seu laboratório, mas os recursos ficaram congelados pela lenta burocracia governamental. No ano seguinte, 1971, a administração do laboratório enviou Pozzi e um dos pesquisadores juniores, Gian Franco Missiroli, para a sede do CNR em Roma, a fim de descobrir a razão da demora.

Na viagem de trem, os dois tentaram afastar o pensamento do estresse da visita que se aproximava – o tipo de confronto burocrático que quase todos os cientistas detestam e para o qual se sentem mal preparados – conversando sobre física. Pozzi mencionou a Missiroli seu interesse em trabalhar com um biprisma de elétrons, e os dois começaram a conversar sobre possíveis projetos nos quais poderiam trabalhar juntos. Era o início de uma proveitosa parceria de 30 anos. Missiroli não era apenas um pesquisador inventivo, mas também muito interessado em levar aos estudantes as suas descobertas, por meio de lições simples e fáceis de ensinar, que ele escreveria e publicaria. Os dois começaram a colaborar em experimentos no final de 1971.[6]

Naquele momento, Merli deixava o laboratório para assumir o posto de pesquisador no recentemente estabelecido Laboratory of Chemistry and Technology for Materials and Electronic Devices (Lamel), mas ainda conseguiu colaborar com Pozzi, Missiroli e outros pesquisadores do Laboratório de Microscopia de Elétrons. Os três construíram um biprisma e o montaram em um microscópio de elétrons da Siemens. Quando Merli descobriu que um intensificador de imagem capaz de detectar elétrons isolados havia sido instalado em Milão, os três começaram a planejar um experimento de interferência de elétrons com o qual enviariam um elétron por vez através de um biprisma de elétrons. Eles foram a Milão para fotografar as imagens, ligando o intensificador de imagens a seu microscópio de elétrons, e tiveram êxito imediato em detectar o padrão de interferência.

Eles escreveram o experimento e o publicaram, como Jönsson havia feito, no *American Journal of Physics*, esperando que, como declaravam, "a interferência de elétrons se torne mais familiar aos estudantes".[7] Mas logo quiseram mais e – com o estímulo e o apoio de dois outros cientistas do Lamel – decidiram produzir um curta-metragem sobre seu experimento para distribuição em escolas e bibliotecas locais. No entanto, isso acabou sendo mais difícil do que parecia, e os três passariam a maior parte de seu tempo escrevendo o texto. Experimentadores, não teóricos, eles descobriram que tinham de trabalhar com muito cuidado para expressar as coisas com precisão.

O resultado foi engenhoso. Como Feynmann e muitos outros haviam feito, eles também usaram uma analogia de três passos para explicar o experimento, começando pela experiência com ondas d'água (primeiro na natureza, e então em um tanque de ondas), depois passaram à interferência da luz usando o biprisma de Fresnel e finalmente descreveram seu biprisma de elétrons. Os três atuaram no filme, editado por Merli. Ele também havia selecionado o fundo musical magistralmente, com música de flauta de Vivaldi acompanhando a explicação nas partes clássicas (a interferência da água e da luz), e com música tonal contemporânea acompanhando os segmentos quânticos. O clímax do filme era a apresentação do padrão de interferência quântica que lentamente se desenvolvia da acumulação de elétrons isolados. O efeito era magnífico, e o filme (que pode ser visto pela Internet) ganhou um prêmio no Festival Internacional do Filme Científico em Bruxelas de 1976.[8] "Mesmo hoje, toda vez que assisto a esse filme, eu o acho incrível", me disse Pozzi, expressando um sentimento geral.

Em 1989, Akira Tonomura, cientista e pesquisador-chefe sênior do Laboratório de Pesquisa Avançada da Hitachi do Japão, e um grupo de companheiros realizaram um experimento com um microscópio de elétrons usando um sistema de detecção de elétrons ainda mais sofisticado e eficiente. Também publicaram seu trabalho no *American Journal of Physics* [9] e fizeram um filme que mostra o desenvolvimento de um padrão de interferência a partir da acumulação gradual de elétrons isolados em tempo real. Em uma palestra no Royal Institution, Tonomura exibiu esse filme que também está disponível pela Internet.[10] Em certo ponto, durante a palestra, ele acelerou o vídeo para mostrar o padrão de interferência se materializando – de forma assustadora – a partir de pontos individuais, aparentemente aleatórios, como se uma galáxia pudesse se formar diante dos nossos olhos ao entardecer, a partir de minúsculas estrelas, um padrão que é irrefutável e sugere a existência de estruturas universais mais profundas. Enquanto mostrava isso, Tonomura disse:

> Não temos escolha a não ser aceitar esta estranha conclusão: que os elétrons são detectados um a um como partículas, mas que o conjunto todo se manifesta com propriedades ondulares que formam um padrão de interferência. A mecânica quântica nos mostra que temos de desistir da realidade [convencional] da imagem de elétrons como partículas exceto no instante em que os detectamos.

Em anos mais recentes, a interferência quântica foi demonstrada com outras partículas além de elétrons, incluindo átomos e até moléculas.

O experimento de dupla fenda aplicado a elétrons possui três aspectos-chave nos experimentos belos. Ele é fundamental, exibindo o comportamento estranho e contraintuitivo da matéria em seus menores níveis. Um elétron sai de uma fonte, então aparece no detector após percorrer uma distância. Entre a produção e a observação, onde ele estava? O experimento de interferência quântica – quer use a dupla fenda quer o biprisma – mostra a impossibilidade de se conceber um objeto quântico como dotado do mesmo tipo de presença no espaço e no tempo que os objetos em nosso mundo macro. "Onde ele estava?" é uma questão que não podemos perguntar; estava em todo lugar e em lugar algum. Se o experimento de dupla fenda de Young foi um exemplo seminal da necessidade de se mudar o paradigma da luz como partícula para a luz como uma onda, o experimento de dupla fenda com elétrons isolados é um exemplo dramático de outra mudança de paradigma, da física clássica para a física quântica.

É um experimento econômico, porque, apesar de suas implicações revolucionárias, o equipamento está agora dentro de nosso alcance tecnológico, e os conceitos básicos são de fácil entendimento. Além disso, o experimento ilustra de forma concisa o que é tão misterioso na mecânica quântica. Todos os outros mistérios da mecânica quântica – como aqueles ilustrados pelo famoso gato de Schrödinger, pelas desigualdades de Bell e pelos experimentos envolvendo a não localidade – vêm do mistério da interferência quântica.

Esse é um experimento convincente, que nos satisfaz profundamente, capaz de convencer o cético mais convicto da verdade da mecânica quântica. Até mesmo para alguém letrado nessa área da física, a teoria pode ser abstrata e suas implicações parecem estar longe de nossa percepção. Mas o experimento de dupla fenda transforma teoria em uma imagem instantaneamente discernível e perceptível. "Antes de observá-lo [na universidade], eu não acreditava em uma palavra da física 'moderna' [do século XX]", escreveu um cientista que participou da minha enquete.

Este experimento tem algo da beleza lúcida do experimento de Young, graças à evidência tão imediata do padrão de interferência. Tem algo da beleza da surpresa esperada, encontrada também no experimento da Torre de Pisa e que causa deleite ao nos mostrar as expectativas da nossa vida cotidiana sendo violadas. O que o experimento exibe, é claro, não é misterioso se você não estiver acostumado com a ideia de que a matéria existe em partículas discretas.

Finalmente, este experimento é belo – pelo menos para mim – pelo modo como ele funciona, efetivamente, como uma conclusão para a incrível proeza de Eratóstenes. O experimento de Eratóstenes validou a intuição grega de que o céu possuía uma arquitetura cósmica que podia ser percebida e imaginada; que em sua maior escala o Universo consiste em corpos que se movem um em volta do outro no espaço tridimensional. O experimento de interferência quântica demonstra que, na menor escala, as coisas são interconectadas de uma forma que não podemos intuir ou ilustrar de maneira convencional. Usando equipamentos construídos por nossas próprias mãos, podemos ver uma prova convincente de um tipo inteiramente diferente de mundo.

É provável que o mundo da mecânica quântica continue contraintuitivo para os seres humanos, não importa quão convencidos estejamos da teoria. O experimento de dupla fenda com interferência de elétrons traz a sua realidade para os nossos olhos de forma dramática, econômica e concreta. A experiência de ver os cliques do detector seguindo elétrons isolados através de um biprisma ou de um par de fendas e produzindo um padrão de interferência é uma das mais incríveis e cativantes experiências humanas. O experimento de interferência quântica com elétrons solitários, portanto, certamente permanecerá no panteão de belos experimentos por um longo tempo.

Interlúdio 10

Quase vitoriosos

A lista de experimentos quase classificados na enquete dos experimentos mais belos consiste em dúzias de experimentos realizados em muitas áreas. Alguns em particular são dignos de menção pelas circunstâncias que os cercam, pelo modo inusitado de manifestar sua beleza, ou pelo fato de serem os preferidos de alguém.

O mais antigo desses experimentos quase incluídos foi um experimento de hidrostática realizado – inadvertidamente – por Arquimedes de Siracusa, o mais conhecido matemático e inventor grego, contemporâneo de Eratóstenes. Os historiadores da ciência de hoje acham plausível que no século III a.C, o rei Hierão de Siracusa tenha pedido a Arquimedes que medisse a proporção de ouro e de prata em uma coroa que recebera de presente. De acordo com a fonte antiga, Arquimedes ponderava o problema dentro de uma banheira, e percebeu que "a quantidade de água que subia era igual à quantidade de água que seu corpo imerso deslocava, [e isso] lhe indicou um método para resolver o problema".[1] Mas como medir um volume com precisão com base no deslocamento da água seria extremamente difícil, o mais provável é que Arquimedes realmente tenha percebido que estava boiando (como boiaria o presente do rei), e que, se pudesse pesar a coroa do rei no ar e na água para depois comparar ambas as medidas, encontraria a densidade específica da coroa com a precisão necessária para compará-la com o ouro. Será que Arquimedes saiu correndo nu pela cidade, gritando de alegria? Talvez não, embora a história capte perfeitamente o espírito de celebração que acompanha a descoberta. Ainda assim, a lenda ilustra exatamente como algo descoberto inadvertidamente pode transformar a rotina em um belo experimento.

Fortes concorrentes na área das ciências biológicas incluíam o chamado experimento de Meselson-Stahl, assunto do livro do historiador da ciência Frederic Holmes intitulado *Meselson, Stahl, and the Replication of DNA: A History of "The Most Beautiful Experiment in Biology"*.[2] Esse experimento, realizado em 1957, confirmou que o DNA se replica da forma prevista pela estrutura em dupla hélice, então recentemente descoberta. Holmes usou como subtítulo a descrição de um pesquisador, mas observou que, de fato, a maioria dos biólogos familiares com o experimento sentia o mesmo a respeito dele. Quando perguntou a esses cientistas o motivo, suas respostas incluíam simplicidade, precisão, clareza e importância estratégica.

Competidores em psicologia incluíam dois experimentos que, de forma simples porém convincente, acabaram com dois dogmas bem estabelecidos do comportamento animal. Um, do psicólogo norte-americano Harry Harlow, desafiou a ideia de que a necessidade de comida era o fator mais poderoso na ligação entre um bebê primata e sua mãe. Para isso, criou uma coleção de "macacas-mães", algumas feitas de arame sem superfícies fofas, outras de tecido fofo. Em uma série de experimentos, Harlow descobriu que os jovens macacos preferiam fortemente a mãe postiça feita de pano – mesmo que a de arame estivesse equipada com seios que produziam leite.[3] Evidentemente, a necessidade de uma ligação interpessoal – de amor e afeição, representados por algo macio e fofo – era mais poderosa do que a necessidade de comida.

Outro belo experimento de psicologia animal, feito por John Garcia e Robert Koelling em 1966, desafiou as chamadas leis equipotenciais de comportamento na aprendizagem de B.F. Skinner, de acordo com as quais um animal aprende por estímulo e resposta, sendo capaz, e o condicionamento consegue conectar qualquer estímulo com qualquer resposta. Ratos, por exemplo, podiam ser ensinados a se afastar de certos tipos de água colorida quando recebiam choques elétricos ao bebê-la. Garcia e Koelling repetiram essa lição com um grupo de ratos – mas com outro grupo de ratos mudaram o estímulo para que os animais ficassem nauseados em vez de receberem choques. Isso funcionou muito mais rápida e eficazmente do que com os choques. Esse experimento demonstrou de forma convincente que estar doente e estar assustado têm efeitos muito diferentes na aprendizagem – e na forma como os animais interpretam seus ambientes. Entretanto, isso contrariava tanto as leis equipotenciais da doutrina behaviorista, na época firmemente estabelecida, que os artigos de Garcia foram recusados pelas publicações filiadas à Associação Norte-americana de Psicologia por mais de 12 anos.[4]

Uma demonstração de engenharia, bela por sua importância, economia e decisão, foi a famosa encenação de Richard Feynman, quando banhou um anel em forma de "O" em um copo de água gelada durante a investigação do desastre da nave espacial *Challenger*. Ele demonstrou vividamente como sua perda de resiliência foi a causa da tragédia.[5]

Outro desafiante intrigantemente belo foi a série de expedições britânicas de 1919 para demonstrar a curvatura gravitacional da luz estelar, um experimento que marcou época e confirmou o prognóstico feito em 1915 por Einstein, em sua teoria da relatividade geral, que o tornou conhecido. Mas nem o eclipse (um evento natural comum) que tornou possível o experimento nem a determinação das posições estelares (uma técnica astronômica comum) eram extraordinárias. Pode a beleza estar apenas nas consequências dramáticas de um experimento?

Alguns argumentos teóricos são tão sucintos que muitas respostas à enquete se referiram a eles como "belos". Um é a prova de Stephen Hawking de que o Universo não existiu desde sempre. ("É verdade porque, se não fosse, todas as coisas teriam a mesma temperatura.") E outro é o paradoxo de Olber ("Olhe para o céu. Ele não é uniformemente brilhante. Portanto, o Universo não é infinito.") Algumas respostas citaram certos experimentos que usaram pouco mais do que engenhosidade para abrir vastos domínios para serem explorados. Estes incluem a câmara de nuvens de Wilson (mencionada no Capítulo 9), que torna visíveis as trilhas das partículas carregadas –, e que Ernest Rutherford certa vez descreveu como "o experimento mais maravilhoso do mundo". Outros instrumentos que as respostas citaram incluíam o interferômetro de raios X, o microscópio de observação tubular e o Cosmotron, um acelerador de partículas no Laboratório Nacional de Brookhaven.

Um experimento cuja beleza deriva de dedicação de seus criadores foi realizado pelos cientistas italianos Marcello Conversi e Oreste Piccioni durante o bombardeio de Roma na Segunda Guerra Mundial. Muitos físicos italianos se dispersaram ou fugiram do país, mas Conversi havia escapado ao alistamento em razão da visão deficiente do olho esquerdo. Piccioni se alistou, mas continuou em Roma. Antes da invasão da Sicília, em 1943, os dois trabalhavam juntos à noite na universidade, juntando arames roubados e equipamento de rádio barganhado no mercado negro para criar circuitos eletrônicos de extrema qualidade com os quais esperavam medir o tempo de vida de uma partícula intrigante, o mesotron, encontrada nos raios cósmicos, as partículas espaciais que continuamente bombardeiam a superfície terrestre. Depois da invasão, bombardeiros norte-americanos começaram a atacar a estação de carga de San Lorenzo, localizada ao lado da universidade, e bombas às vezes acertavam o campus. Aterrorizados, Conversi e Piccioni continuaram seu experimento em uma escola deserta, perto do Vaticano, que escapou do bombardeio, embora tivessem de dividir o porão com membros da resistência antifascista que guardavam suas armas lá. As condições pioraram depois que o governo italiano assinou um armistício com os Aliados e em setembro os nazistas ocuparam Roma. Piccioni foi capturado por soldados alemães, mas pagou seu próprio resgate com uma pilha de meias de seda. Os dois continuaram seu trabalho com fervor – "Nosso trabalho era o único prazer que podíamos ter", Piccioni depois explicou. Pouco antes de os aliados libertarem Roma em 1944, Conversi e Piccioni conseguiram mostrar em um experimento engenhoso e completamente convincente que os mesotrons viviam pouco mais de 2,2 microssegundos, um tempo pequeno mas ainda assim muito maior do que previsto. Em seu porão na universidade arruinada, Conversi e Piccioni foram os primeiros a compreender que os mesotrons – hoje conhecidos como "múons" – têm propriedades muito diferentes do que dizia a teoria prevalente, um passo fundamental para o campo emergente da física de partículas elementares.[6]

Meus próprios candidatos a experimento mais belo incluiriam o experimento de violação de paridade de 1956-57, que teve Chien-Shiung Wu entre seus líderes. Esse experimento mostrou que, sob certas condições, partículas e núcleos decaem ao emitir elétrons em certas direções preferenciais em relação ao seu eixo de rotação. Esse experimento derrubou com um golpe convincente uma das certezas mais fundamentais da física.[7] Também incluiria o experimento de Maurice Goldhaber em 1957 estabelecendo a helicidade do neutrino, isto é, a forma como os neutrinos giram em relação à direção de seu movimento. O experimento de Goldhaber foi tão diabolicamente engenhoso – envolveu a produção de uma reação nuclear complexa, na qual as propriedades de todas as partículas e estados nucleares fossem conhecidos, *exceto* a helicidade do neutrino, o que era possível em apenas uma das cerca de três mil reações conhecidas – que a maioria dos físicos da época nem sequer o achava possível. Enquanto em muitas descobertas científicas tem-se a sensação de que se os seus descobridores tivessem perdido o barco outros acabariam por descobri-las, neste caso é diferente. Um físico escreveu depois que, se Maurice Goldhaber não tivesse existido, "não tenho certeza de que a helicidade do neutrino teria sido descoberta algum dia".

Mas, para conhecer meu candidato favorito ao mais belo experimento científico, continue a ler.

Conclusão
A ciência ainda pode ser bela?

Quase todos os experimentos desta lista dos "dez mais" foram feitos em *solo* ou com a ajuda de alguns poucos colaboradores, num período de tempo relativamente curto. Mas, nos últimos 50 anos, introduziu-se uma enorme mudança no tamanho e na escala dos experimentos científicos. Hoje, os experimentos em física são rotineiramente interdisciplinares e multinacionais, e com frequência envolvem dezenas de instituições e centenas de colaboradores; levam anos ou até décadas para serem completados. Um experimento na era da Grande Ciência ainda pode ser belo?

Pode.

Meu candidato pessoal a mais belo experimento científico, o experimento múon g-2, foi realizado quatro vezes ao longo dos últimos 50 anos, reunindo colaborações cada vez maiores: nas três primeiras vezes, no laboratório internacional do Cern, em Genebra, e mais recentemente no Laboratório Nacional de Brookhaven. Na última vez, a colaboração abrangeu cerca de cem cientistas de vários países, que construíram uma parte do equipamento, incluindo a maior bobina supercondutora do mundo, dentro de uma sala do tamanho de um pequeno hangar de avião. Devo confessar que parte da minha afeição por esse experimento é puramente pessoal. Ele está sendo realizado num prédio perto de mim, e venho acompanhando seu desenvolvimento há anos. Mas minha familiaridade com o experimento – assim como acontece com um romance intricado ou com uma peça musical – apenas aprofunda minha admiração por sua beleza.

O experimento mede o que é conhecido como "momento magnético anômalo do múon". Ele calcula o modo como aquela partícula – cujo tempo de vida foi medido pela primeira vez por Conversi e Piccioni – "oscila" num campo magnético.[1] Avaliar essa oscilação exigiu extrema precisão, o que, por sua vez, exigiu a concepção de um experimento engenhoso.[2] Para medir como os múons oscilam, os cientistas estudam os elétrons e os pósitrons produzidos quando eles decaem, usando para isso o fenômeno da violação de paridade descoberto por Wu e seus colegas, que revela

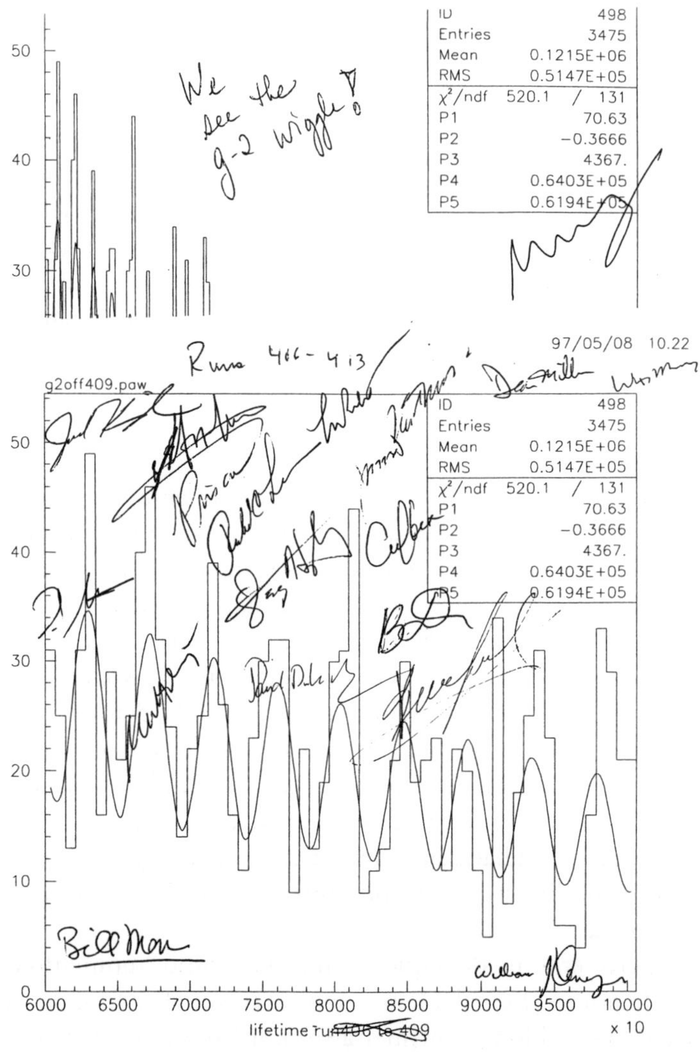

Esta plotagem dos pósitrons de alta energia como uma função de tempo foi a primeira evidência da oscilação dos múons obtida no Laboratório de Brookhaven. Os cientistas presentes ficaram tão entusiasmados que deixaram suas assinaturas no papel.

a direção da rotação dos múons.[3] Quando os dados sobre o decaimento de bilhões de múons são colocados em diagrama, eles apresentam uma agitação impressionante – uma série de picos, cuja altura declina gradualmente, reflete a frequência com a qual os múons estão oscilando dentro da câmara.

Os primeiros dados do experimento mais recente em Brookhaven surgiram em maio de 1997. O primeiro cientista a reunir os dados significativos obtidos em alguns dias e a colocá-los em diagrama num papel quadriculado – uma física da Universidade de Minnesota chamada Priscilla Cushman – percebeu imediatamente a reveladora agitação. Priscilla descreve o que aconteceu quando Gerry Bunce, outro membro da equipe do g-2, entrou na sala:

> Eu coloquei a folha de papel debaixo do nariz dele e disse: "Veja! A agitação g-2!" Ele disse: "Vamos ter uma festa hoje à noite!" E eu: "Mas temos tanto trabalho a fazer ..." Mas Gerry tinha razão. Tínhamos esperado tanto tempo, passado por tempos difíceis para convencer as agências de financiamento e outros críticos que diziam que nunca iríamos conseguir – e então vieram três semanas em que primeiro ligamos a máquina e não vimos nada –, e de repente essa *beleza* simplesmente saltou diante dos nossos olhos e vimos que o g-2 estava ali!

Depois de vários anos de coleta de dados, os experimentadores haviam chegado a uma das medições mais exatas já obtidas de uma propriedade de partículas físicas e eram capazes de compará-la ao valor teórico, que é um dos números calculados – e medidos – com a maior precisão na ciência.[4] Os resultados apontaram uma discrepância com o número previsto pela teoria, indicando que uma nova física podia estar surgindo no horizonte, o que criou grande excitação entre os físicos.

O experimento g-2 ostenta os três elementos da beleza que encontramos nos outros experimentos discutidos neste livro: profundidade, ou quão fundamental é o resultado; eficiência, ou a economia incorporada nas suas partes; e irrefutabilidade – ou seja, se questões forem levantadas, elas serão mais sobre o mundo (ou a teoria) que sobre o próprio experimento. E, a despeito de sua escala, o experimento g-2 tem a amplitude do experimento de Eratóstenes, ligando diferentes escalas do Universo (fenômenos de energias imensamente distintas) em uma medida mínima – a da oscilação do múon. Tem a beleza austera do experimento de Cavendish para pesar o mundo, no qual a precisão devia ser fanaticamente procurada por meio de miríades de peças interconectadas. Tem a qualidade sinóptica do experimento de Millikan, porque junta muitas leis diferentes do Universo para chegar a seu resultado, desde o eletromagnetismo e a mecânica quântica até a relatividade.[5]

E tem algo da sublime beleza do pêndulo de Foucault, ao dar uma pista para dimensões do Universo ainda não vislumbradas.

Na introdução, apresentei duas questões sobre a ideia da beleza dos experimentos. Primeiro, o que significa para os experimentos o fato de poderem ser belos? Segundo, o que significa para a beleza o fato de experimentos poderem possuí-la?

Para responder à primeira questão: compreender como os experimentos são belos nos ajuda a apreciar seu poder afetivo. Muitos dos que responderam à minha enquete mencionaram experimentos e demonstrações que haviam conhecido ainda na escola – de fato, muitas vezes eram as *únicas* coisas que se lembravam de suas primeiras aulas de ciência. Olhar a Lua através de um telescópio pela primeira vez, observar através de um microscópio as veias pulsantes nas barbatanas de um peixinho dourado, segurar pelo eixo a roda de uma bicicleta enquanto ela gira e sentir sua resistência ao tentar inverter sua posição, ver uma bola de praia flutuar numa forte corrente de ar vertical, compreender como um pedaço de aço pode se esfarelar quando o ar é expelido de dentro dele – coisas como essas têm uma capacidade incomparável para estimular a imaginação.

Os experimentos fascinam não só alunos como também cientistas experientes. A emoção da descoberta é diferente de todas as outras – motivo pelo qual o engenheiro escocês John Scott Russell, ao vislumbrar uma onda soliton (uma onda isolada que não se dispersa, como as ondas comuns) no Union Canal em Edimburgo, em 1834, disse que aquele era o dia mais feliz da sua vida. Experiências semelhantes abundam na história da ciência.

Historiadores e filósofos costumam ignorar as paixões tão evidentes nessas narrativas. Alguns estudiosos fazem isso para enfatizar a racionalidade da ciência, sua lógica ou justificação. Mas a imagem que emerge daí sugere que a ciência é um processo robótico de formulação, testagem e reformulação de hipóteses – um enorme jogo intelectual. Em outra vertente, alguns historiadores e filósofos exploram as dimensões sociais da ciência, seu contexto social como é revelado por suas políticas, financiamentos ou benefícios.[6] Esses são realmente assuntos interessantes, mas essa visão tende a sugerir que a ciência é meramente uma tremenda luta de poder conduzida por um grupo especial de interesse, determinado a fazer progredir a sua própria causa.[7] Se conhecermos a ciência somente por sua lógica ou justificações, ou por suas políticas, interesses, financiamentos ou conquistas materiais, deixaremos de entendê-la. Se nos dermos ao tempo de examinar a beleza dos experimentos científicos, poderemos colocar de novo em foco aquela dimensão afetiva.

A resposta à segunda questão levantada previamente é que o reconhecimento da beleza dos experimentos pode ajudar a revitalizar um sentido mais tradicional de beleza. Hoje em dia, esse termo é aplicado mais comumente a objetos de arte e fenômenos naturais, mas nem sempre foi assim – e, se conhecemos a beleza apenas pelo pôr do sol ou pelo acervo dos museus de arte, deixamos de compreender todo o papel que ela ocupa na vida humana e na cultura. Os antigos gregos não viam qualquer conexão especial entre o belo – que eles chamavam de *kalon* – e os objetos de arte, pois não encaravam a beleza como uma coisa que tinha valor por si mesma. Como resultado, eles percebiam uma conexão íntima entre o verdadeiro, o belo e o bom que, por assim dizer, se "emaranhavam", unidos inseparavelmente numa origem comum profundamente entranhada.

Platão definiu a beleza como o brilho do ideal no reino do visível. A beleza é a luz que as coisas boas e verdadeiras deixam – e que simultaneamente ilumina, convence e satisfaz – quando aparecem no mundo habitado e são percebidas pelos humanos finitos. As ordens mais altas da natureza se anunciam aos amantes da sabedoria por meio de sua beleza. Por essa razão, Platão afirmava, o amante do conhecimento não despreza – ao contrário, cultiva com cuidado – o sentimento da beleza, porque fazer isso é, ao mesmo tempo, cultivar o sentimento da verdade. O mundo nunca se mostra transparente para nós, e enfrentamos isso com suposições transmitidas pela história e pela cultura que ao mesmo tempo revelam e ocultam muito. Mas também encontramos coisas, que chamamos de belas porque nos tiram da confusão e da ignorância. Coisas belas, Platão escreve no *Banquete*, nos chamam mais profundamente para dentro do mundo, são como "escadas ascendentes" que nos levam "sempre para cima".[8] Escadas e transições sempre nos conduzem de um local para outro; o lugar do humano no mundo não é fixo, é móvel. E quando permitimos a nós mesmos ser levados para cima, adquirimos uma conexão mais íntima conosco e com o mundo, e dessa forma nos tornamos mais humanos. Assim, a capacidade de reconhecer a beleza dos experimentos pode nos ajudar a recuperar um sentimento mais original e fundamental da própria beleza.

> *O cientista não estuda a natureza porque isso é útil; ele a estuda porque se deleita com isso, e se deleita com isso porque ela é bela. Se a natureza não fosse bela, não valeria a pena conhecê-la, e se a natureza não merecesse ser conhecida, a vida não valeria a pena ser vivida.*
>
> *Henri Poincaré*

Notas

Introdução

O momento de transição (*p.9-16*)

1. Para uma explicação não científica desse experimento, ver Robert P. Crease e Charles C. Mann. *The Second Creation: Makers of the Revolution in Twentieth-Century Physics.* New Brunswick, N.J., Rutgers University Press, 1996, p.386-90.

2. Os comentários de Watson: Victor McElheny, *Watson and* DNA*: Making a Scientific Revolution.* Cambridge, Massachusetts, Perseus, 2003, p.52. Para os comentários de Millikan, ver Capítulo 8.

3. A primeira citação de Weisskopf é retirada de K.C. Cole. *The Universe and the Teacup: The Mathematics of Truth and Beauty.* Nova York, Harcourt Brace, 1998, p.184 (a data é de uma comunicação pessoal). A segunda citação de Weisskopf é retirada de V. Stefan. *Physics and Society: Essays in Honor of Victor Frederick Weisskopf by the International Community of Physicists.* Nova York, Springer, 1998, p.41.

4. G.H. Hardy. *A Mathematician's Apology.* Cambridge, Massachusetts, Cambridge University Press, 1992, sessões 10-18. Sobre equações belas, ver G. Farmelo (org.). *It Must be Beautiful: Equations of Modern Science.* Londres, Granta Books, 2003.

5. Michael Faraday. *The Chemical History of the Candle.* Nova York, Viking, 1963, aula 1.

6. Representar esse processo como o mundo falando conosco, como na visão clássica, ou como nossas palavras projetadas retornando a nós, como os construtivistas sociais o encaram, não faz qualquer diferença. O ponto essencial é que a experimentação é um evento que produz um significado mais complexo do que pode ser ilustrado pelos dois pontos de vista. Veja Robert P. Crease (org.). "Hermeneutics and the Natural Sciences: Introduction." *Hermeneutics and the Natural Sciences.* Dordrecht, Kluwer, 1997, p.259-70.

7. Mark Twain. *The Innocents Abroad* (Os inocentes no estrangeiro). Nova York, Clássicos Literários dos Estados Unidos, 1984, p.196-7.

8. A noção da beleza de Schiller é discutida em detalhe ao longo de seu livro *On the Aesthetic Education of Man.* Ralph Waldo Emerson. *Essays and Poems,* Nova York, Clássicos Literários dos Estados Unidos, 1996, p.931.

9. Robert P. Crease. "The most beautiful experiment." *Physics World,* mai 2002, p.17; Robert P. Crease, "The most beautiful experiment". *Physics World,* set 2002, p.19-20.

10. O experimento de Eratóstenes faz parte do currículo das aulas de ciência de muitas escolas de ensino básico e fundamental; foi discutido na popular série de livros de Carl Sagan, *Cosmos,* e é o assunto de um livro para crianças. O experimento de Galileu na Torre Inclinada de Pisa é praticamente tão lendário quanto a história de George Washington cortando a cerejeira, e foi reapresentado na Lua pela tripulação da *Apolo-15.* O experimento do plano inclinado de Galileu é ensinado em muitas aulas de ciência e apareceu em uma cena da ópera de Philip Glass *Galileu Galilei.*O significado do experimento de Isaac Newton com prismas foi furiosamente debatido por poetas e escritores ao longo dos séculos XVIII e XIX. O pêndulo de Foucault carrega um selo de legitimidade cultural, pois aparece em muitas instituições públicas – entre elas o prédio das Nações Unidas, na cidade de Nova York – e em pelo menos dois romances, incluindo o *best-seller* de Umberto Eco intitulado *O pêndulo de Foucault.* Dois desses experimentos – o da gota de óleo de Millikan e o de Rutherford na descoberta do núcleo atômico – foram assunto de trabalhos geradores de influência e controvérsia escritos por historiadores da ciência. Vídeos impressionantes e de grande circulação foram feitos por duas equipes independentes de cientistas que realizaram o experimento de dupla fenda ilustrando a interferência quântica com elétrons simples. A peça *Hapgood*, de Tom Stoppard, inclui a discussão desse experimento, com o experimento de dupla fenda com a luz, de Young. E daí por diante.

1. A medida do mundo

Eratóstenes mede a circunferência da Terra (*p.19-27*)

1. Aristóteles. *Sobre o céu*. In *The Works of Aristotle*, vol.1. Chicago, Encyclopaedia Britannica, Inc., 1952.

2. Idem.

3. Estas fontes incluem: Cleomedes, Capella, Strabo, Plínio, Hélio Aristides, Heliodoro, Sérvio e Macróbio. Ver os trechos em: A.S. Gratwick. "Alexandria, Syene, Meroe: symmetry in Eratosthenes' measurement of the World". In L. Ayres. *The Passionate Intellect: Essays in the Transformation of Classical Traditions*. New Brunswick, Transaction Publishers, 1995. Ver também: Aubrey Diller. "The ancient measurements of the Earth". *Isis* n.40, 1949, p.6-9; E.J.B. Harley e D. Woodward. *The History of Cartography*, vol.1. Chicago: University of Chicago Press, 1987, p.148-60.

4. Hélio Aristides, citado em Gratwick, p.183.

5. Cordel K.K. Yee. "Taking the World's measure: Chinese maps between observation and text." In J.B. Harley e D. Woodward (org.). *The History of Cartography*, vol.2, livro 2. Chicago, University of Chicago Press, 1994, p.96-127.

6. Plínio. *Natural History*, livro II, p.247. The Loeb Classical Library, Cambridge, Massachusetts, Harvard University Press, 1997.

Interlúdio 1

Por que a ciência é bela? (*p.28-31*)

1. John Ruskin (org.), resumido por D. Barrie. *Modern Painters*. Grã-Bretanha, Ebenezer Baylis & Son, 1967, p.17.

2. Em seu livro *The Concepts of Science*, por exemplo, Lloyd Motz e Jefferson Weaver mencionam a beleza ocasional de um campo, mas avisam que "A exaltação de nossas emoções e sensações no plano da verdade obscurece a natureza da verdade científica e abre as portas para o misticismo e a metafísica, que não têm lugar na ciência". Nova York, Plenum, 1988, p.12.

3. Willa Cather. "Portraits and landscapes", citado por Daniel Halpern (org.). *Writers on Artists*. São Francisco, North Point Press, 1988, p.354.

4. Platão. *A República*. Nova York, Basic Books, 1969, 605b.

5. Santo Agostinho. *Confissões*. Pine-Coffin, Baltimore, Penguin, 1970, livro X, seção 33.

6. Gottlob Frege. "On sense and reference." In Peter Geach e Max Black (org.). *Translations from the Philosophical Writings of Gottlob Frege*. Oxford, Blackwell, 1952, p.63.

7. Sobre a distribuição entre beleza e elegância, ver Michael Polanyi. "Beauty, elegance and reality in science." In S. Korner. *Observation and Interpretation of Philosophy and Physics*. Nova York, Dover, 1957, p.102-6.

8. Nas palavras do filósofo Robin Collingwood: "Uma questão por vezes levantada é se a beleza é 'objetiva' ou 'subjetiva', no sentido de saber se ela pertence ao objeto e é imposta à mente por força bruta, ou se pertence à mente e pela mente é imposta ao objeto, não importando a natureza dele. ... A verdadeira beleza não é 'objetiva' nem 'subjetiva' em nenhum sentido que inclua um, mas exclua o outro. É uma experiência na qual a mente se encontra no objeto, a mente eleva-se até o plano do objeto, e o objeto, de certa forma, é pré-adaptado a evocar a máxima expressão dos poderes da mente. ... Daí nasce essa ausência de coação, essa profunda sensação de contentamento e bem-estar que caracteriza a experiência da verdadeira beleza. Sentimos que é 'bom para nós estar aqui'; estamos em casa, pertencemos ao mundo e ele nos pertence." (R.G. Collingwood. *Essays in the Philosophy of Art*. Bloomington, Ind, Indiana University Press, 1966, p.87-8).

2. Deixe a bola cair

A lenda da Torre Inclinada de Pisa (*p.33-43*)

1. Ver a Queda da Pena na página da Nasa (http://vesuvius.jsc.nasa.gov/er/seh/feather.html).

2. Stillman Drake. *Galileo Studies: Personality, Tradition, and Revolution*. Ann Arbor, Mich., University of Michigan Press, 1970, p.66-9.

3. Viviani, Vincenzio. *Vita di Galileo*. Mizan, Rizzoli, 1954.

4. Citado em I. Bernard Cohen. *The Birth of a New Physics*. Nova York, Norton, 1985, p.7.

5. Ibid., p.7-8.

6. Citado em Thomas B. Settle. "Galileo and early experimentation." In R. Aris, H. Davis e R. Stuewer (orgs.). *Springs of Scientific Creativity: Essays on Founders of Modern Science*. Minneapolis, University of Minnesota Press, 1983, p.8.

7. Galileu Galilei. *On Motion and Mechanics*. I.E Drankin (org.). Madison, University of Minnesota Press, 1960.

8. Galileu Galilei. *Two New Sciences*. Madison, University of Wisconsin Press, 1974, p.66, 75, 225-6.

9. Michael Segre. *In the Wake of Galileo*. New Brunswick, N.J., Rutgers University Press, 1991, p.111.

10. Christopher Hibbert. *George III: A Personal History*. Nova York, Basic Books, 2000, p.194.

11. Gerald Feinberg. "Fall of bodies near the Earth." *American Journal of Physics*, 33, 1965, p.501-3.

12. Thomas B. Settle. "Galileo and the early experimentation", op.cit. p.3-21.

13. Stillman Drake. *Galileo at Work: His Scientific Biography*. Chicago, University of Chicago Press, 1978. Ver também Michael Segre. "Galileo, Viviani and the Tower of Pisa." *Studies in the History and Philosophy of Science*, n.20, 1989, p.435-51. Sou grato a Thomas Settle pela ajuda neste capítulo e no seguinte.

Interlúdio 2

Experimentos e demonstrações (*p.44-47*)

1. Frederic Holmes. *Meselson, Stahl, and the Replication of DNA: A History of "The Most Beautiful Experiment in Biology"*. New Haven, Yale University Press, 2001, p.ix-x. "O experimento [Meselson-Stahl] teve origem na complexidade, estava cercado de complexidade e apontou o caminho em direção à descoberta de futuras complexidades."

3. O experimento alfa

Galileu e o plano inclinado (*p.49-56*)

1. Galileu. *Two New Sciences*, op.cit., p.169-70.

2. Alexandre Koyré. "An experiment in measurement". *Proc. American Philosophical Society*, n.97, 1953, p.222-36.

3. Thomas B. Settle. "An experiment in the History of science." *Science*, n.133, 1961, p.19-23.

4. Stillman Drake. *Galileo at Work: His Scientific Biography*. Chicago, University of Chicago Press, 1978, Cap.5.

Interlúdio 3
A comparação Newton-Beethoven (*p.57-60*)

1. Owen Gingerich (org.). *The Nature of Scientific Discovery*. Washington, D.C., Smithsonian Institution, 1975, p.496.
2. L. Bernard Cohen. *Franklin and Newton*. Filadélfia, American Philosophical Society, 1956, p.43.
3. Immanuel Kant. *Critique of Judgement* (A crítica do juízo). Indianápolis, Hacket, 1987, seção 47.
4. Owen Gingerich. "Circumventing Newton: a study in scientific creativity." *American Journal of Physics*, n.46, 1978, p.202-6.
5. Jean-Marc Lévy-Leblond. "What if Einstein had not been there? A *Gedankenexperiment* in science history." 24º Colóquio Internacional sobre Métodos de Grupos Teóricos em Física, Paris, jul 2002.

4. *O experimentum crucis*
Newton decompõe a luz do Sol com prismas (*p.63-75*)

1. I. Newton para H. Oldenburg, 18 de janeiro de 1672. In W. Turnbull (org.). *The Correspondence of Isaac Newton*, vol.I. Cambridge, Cambridge University Press, 1959, p.82-3.
2. Michael White. *Isaac Newton: The Last Sorcerer*. Reading, Mass., Addison-Wesley, 1997, p.165.
3. Richard S. Westfall. "Newton." *Encyclopaedia Britannica*, 15ª ed., vol.24, p.932.
4. Citado em White. *Isaac Newton*, op.cit., p.179.
5. Ibid., p.164.
6. Newton. *Correspondence*, vol.I, p.92.
7. Ibid., vol.II, p.79.
8. Ibid., vol.I, p.107.
9. Ibid., p.416.
10. Thomas Birch. *The History of the Royal Society of London*, vol.3. Nova York, Johnson Reprint Corp., 1968, p.313.
11. Newton. Ibid., vol.I, p.356.

Interlúdio 4
A ciência destrói a beleza? (*p.76-79*)

1. Kenneth Clark. *Landscape into art*. Nova York, Harper & Row, 1976, p.65.
2. A fascinante variedade de modos pelos quais os poetas enfrentaram este desafio tem sido discutida, entre outros, por Marjorie Nicolson. *Newton Demands the Muse: Newton's Opticks and the Eighteenth Century Poets*. Hamden, Ct., Archon, 1963; e M.H. Abrams. *The Mirror and the Lamp: Romantic Theory and the Critical Tradition*. Nova York, Oxford University Press, 1971.
3. Um livro inteiro foi escrito sobre essa festa: Penelope Hughes-Hallett. *The Immortal Dinner: A Famous Evening of Genius and Laughter in Literary London*. Chicago, New Amsterdam, 2002.
4. Nicolson, op.cit., p.25.
5. De "The best mind since Einstein". NOVA, 21 nov 1993.

5. O peso do mundo
O austero experimento de Cavendish (*p.81-92*)

1. George Wilson. *Life of the Hon. Henry Cavendish*. Londres, Cavendish Society, 1851, p.166. Para uma biografia moderna, ver Christa Jungnickel e Russel McCormmach. *Cavendish: The Experimental Life*. Lewisburg, Penn., Bucknell University Press, 1999.

2. Ibid., p.170.

3. Ibid., p.188.

4. Ibid., p.185.

5. Ibid., p.178.

6. Isaac Newton. *The Principia: Mathematical Principles of Natural Philosophy*. Berkeley: University of California Press, 1999, p.815.

7. Isaac Newton. *Sir Isaac Newton's Mathematical Principles of Natural Philosophy and his System for the World*, vol.2. Nova York, Greenwood Press, 1969, p.570.

8. Em Drek Howse. *Nevil Maskelyne: The Seaman's Astronomer*. Cambridge, Cambridge University Press, 1989, p.137-8.

9. Citado em Russell McCormmach. "The last experiment of Henry Cavendish." In A. Kox e D. Siegel (orgs.). *No Truth Except in the Details*. Dordrecht, Kluwer, 1995, p.13-14.

10. Henry Cavendish. "Experiments to determine the density of the Earth". *Philosophical Transactions of the Royal Society*, n.88, 1798, p.469-526.

11. Citado em B.E. Clotfelter. "The Cavendish experiment as Cavendish knew it." *American Journal of Physics*, n.55, 1987, p.210-13, p.211.

12. Wilson, op.cit., p.186.

Interlúdio 5

Integrando ciência e cultura popular (*p.93-95*)

1. Sarah Boxer. "The art of the code, or, at play with DNA." *The New York Times*, 14 de março de 2003, p.135.

6. A luz como onda

A analogia lúcida de Young (*p.97-106*)

1. A expressão "flash ontológico" é de Mary Gerhart e Allan M. Russell. *Metaphoric Process: The Creation of Scientific and Religious Understanding*. Fort Worth, Texas Christian University Press, 1984, p.114.

2. Estes e muitos outros detalhes da vida de Thomas Young vêm de George Peacock. *Life of Thomas Young*. Londres, J. Murray, 1855; e do verbete de Thomas Young por Edgar Morse em *The Dictionary of Scientific Biography*, vol.14. Nova York, Scribners, 1976, p.562-72.

3. Newton. *Opticks*, op.cit., questão 28.

4. Thomas Young. "Outlines of experiments and inquiries respecting sound and light." *Philosophical Transactions 1800*, p.106-50.

5. J.D. Mollon. "The origins of the concept of interference." *Philosophical Transactions of the Royal Society of London*, A, 2002, p.360, 807-19; a discussão de Newton está em *The Principia*, livro 3, proposição 24.

6. Aqui, então, está uma das mais obscuras e ambíguas introduções de um conceito fundamental na histórica da ciência: "É surpreendente que um matemático tão importante quanto o dr. Smith tenha acreditado, mesmo que por um momento, na ideia de que vibrações que constituem sons diferentes seriam capazes de se cruzar em todas as direções, sem afetar as partículas de ar com sua força combinada. Sem dúvida elas se cruzam, sem provocar distúrbios no progresso uma da outra; mas isso só pode acontecer se cada partícula compartilhar ambos os movimentos." Young. "Outlines", seção 11.

7. Thomas Young. *A Reply to the Animadversions of the Edinburgh Reviewers*. Londres, Longman et al. Cadell & Davis, 1804.

8. Thomas Young. "The Bakerian lecture: experiments and calculations relative to Physical Optics." *Philosophical Transactions 1804*, p.1-16.

9. Thomas Young, *A Course of Lectures on Natural Philosophy and the Mechanical Arts*. Londres, Taylor and Walton, 1845, palestra 39.

10. Nahum Kipnis. *History of the Principle of Interference of Light*. Boston, Birkhauser, 1991, p.124.

11. Henry Brougham. "Bakerian lecture on light and colors." *The Edinburgh Review*, n.1, 1803, p.450-6.

Interlúdio 6
Ciência e metáforas (*p.107-110*)

1. Esta seção é baseada em uma coluna da *Physics World* ("Physic, metaphorically speaking", novembro de 2000, p.17), que, por sua vez, se baseou parcialmente no Capítulo 3 do meu *The Play of Nature: Experimentation as Performance*.

2. O historiador da ciência Stanley Jackson mostrou, por exemplo, que Johannes Kepler, como muitos cientistas do final do século XVI e início do século XVII, projetava uma versão secular de uma força animística, semelhante à alma, em sua mecânica. "Se substituirmos a palavra 'alma' pela palavra 'força", então teremos o princípio que delineia minha física do céu", escreveu Kepler em 1621. Embora então rejeitasse a ideia de que tal força fosse espiritual, ele acrescentou que havia chegado "à conclusão de que essa força devia ser algo substancial – 'substancial' não no sentido literal, mas ... da mesma maneira que dizemos que a luz é algo substancial, significando uma entidade insubstancial emanando de um corpo substancial".

3. Estas são o que o filósofo Bruce Wilshire chama de "metáforas fisionômicas".

4. E, finalmente, parte da terminologia científica parece metafórica, mas não é. Por exemplo, os nomes de quarks "charme," "estranho," "beleza" e "verdade." É tolo pensar nesses termos como metáforas. Esses nomes não nos dizem nada e não são tentativas de entender o que algo é. Eles são apenas maneiras de ser irreverente.

5. Um exemplo de por que é importante entender esse processo são as recentes "guerras científicas", muitas das quais questionam se as metáforas encontradas na ciência seriam criativas (implicando que o conhecimento gerado tem um viés cultural e histórico) ou filtrantes (portanto, descartáveis). Um exemplo é a conversa sobre a relatividade entre o sociólogo Bruno Latour, professor no Centre de Sociologie de l'Innovation, na École Nationale Supérieure des Mines, em Paris, e John Huth. Examinando um livro no qual Einstein confiou na imaginação de observadores e em réguas para explicar a relatividade, Latour argumentou que isso era um símbolo de que a teoria é construída socialmente. Huth observou que o livro foi escrito para divulgação científica, assinalando que o imaginário não era essencial para a teoria que Einstein estava tentando explicar, e menosprezou o método de Latour como uma "pregação de metáforas" [John Huth. "Latour's relativity." In N. Koertge (org.). *A House Built on Sand*. Nova York, Oxford University Press, 1998, p.181-92.] Peter Galison, historiador da ciência da Universidade Harvard, sugere que a metáfora possua um papel ainda mais profundo. Ele destacou a importância do pensamento de Einstein sobre os métodos de sincronização dos relógios na Europa, na virada do século, para a coordenação dos trens. Galison argumenta que Einstein estava familiarizado com a tecnologia, por ter trabalhado como assistente técnico do Escritório de Patentes da Suíça, e que isso ajudou a guiá-lo, metaforicamente, para a solução do problema de simultaneidade, dada a velocidade finita da luz. A percepção mais importante de Einstein, de acordo com Galison, foi a que o levou a abandonar a necessidade de um "relógio principal".

7. A Terra gira
O sublime pêndulo de Foucault (*p.113-123*)

1. "The Foucault pendulum" (sem autor). *The Institute News*, abril de 1938.

2. Citado em Stephane Deligeorges. *Foucault et ses pendules*. Paris, Editions Carré, 1990, p.48.

3. M.L. Foucault. "Physical demonstration of the rotation of the Earth by means of the pendulum." *Journal of the Franklin Institute*, maio de 1851, p.350-3.

4. M.L. Foucault. "Démonstration expérimentale du mouvement de rotation de la Terre." *Journal des Débats*, 31 de março de 1851. Para saber mais sobre Foucault, ver Amil Aczel. *Pendulum: Leon Foucault and the Triumph of Science*. Nova York, Pocket Books, 2003; William John Tobin. *The Life and Science of Léon Foucault, the Man Who Proved the Earth Rotates*. Londres, Cambridge University Press, 2003.

5. Demonstrar o movimento translacional da Terra – seu movimento pelo espaço em lugar de uma rotação sobre seu eixo – seria mais difícil.

6. M. Merleau-Ponty. *Phenomenology of Perception*. Londres, Routledge & Kegan Paul, 1962, p.280. Sou muito agradecido a Patrick Heelan por algumas das reflexões que se seguem; e a Bob Street, que se perguntou o que aconteceria se uma pessoa se colocasse dentro do peso de um pêndulo de tamanho adequado, ou se um pêndulo fosse instalado em um restaurante giratório cujo período fosse igual a um dia sideral, visto contra o fundo de um claro céu noturno.

7. Deligeorges, *Foucault*, p.60.

8. H.R. Crane. "The Foucault pendulum as a murder weapon and a physicist's delight." *The Physics Theater*, mai 1990, p.264-9.

9. H.R. Crane. "How the housefly uses Physics to stabilize flight." *The Physics Teacher*, novembro de 1983, p.544-5.

10. Os componentes críticos são o cabo, a base do cabo e um pequeno persuasor em torno da base do cabo. Esse dispositivo – uma versão daquele que Foucault usou, porém instalado no topo do pêndulo, em vez de ficar no fundo – puxa o cabo de tempos em tempos para impedir que o pêndulo se desacelere.

11. O que diferencia os vários pêndulos é quanto a direção de seu balanço muda por hora, função de sua localização. Nos polos Norte e Sul, o pêndulo faria um circuito completo – 360 graus – a cada 24 horas, movendo-se 15 graus por hora, no sentido horário, no hemisfério Norte, e no sentido anti-horário no hemisfério Sul. Em outros lugares, a mudança horária depende da latitude da forma especificada a seguir: a mudança horária é 15 graus vezes o seno da latitude. Em Londres, é quase 12 graus; Em Paris, 11 graus por hora; Nova York, 9 ¾ graus por hora; Nova Orleans, 7 graus; Sri Lanka, menos de 2 graus por hora.

Interlúdio 7
A ciência e o sublime (*p.124-126*)

1. Edmund Burke. "A philosophical inquiry into the origin of our ideas of the sublime and the beautiful". 4ª ed. Dublin, Cotter, 1707, parte 1, section 6.

2. Immanuel Kant. *Critique of Judgement*. Indianápolis, Hackett, 1987, seção 28. Ainda outro tipo de sublimidade é expressado no romance de Umberto Eco, *O pêndulo de Foucault*. Nova York: Ballantine Books, 1988.

8. Observação do elétron
O experimento de Millikan com a gota de óleo (*p.129-142*)

1. O melhor artigo que aborda de modo genérico o experimento de Millikan continua a ser o seminário de Gerald Holton. "Subelectrons, presuppositions, and the Millikan-Ehrenhaft dispute". *The Scientific Imagination: Case Studies*. Cambridge, Mass., Cambridge University Press, 1978, p.25-83; outros aspectos são discutidos em Ullica Segerstrãle. "Good to the last drop? Millikan stories as 'canned' Pedagogy." *Science and Engineering Ethics*, n.1, vol.3, 1995, p.197-214.

2. Millikan. *Autobiography*. Nova York, Houghton Mifflin, 1950, p.69.

3. Ibid., p.73.

4. Idem.

5. Holton escreveu que "Millikan não desenhou ou projetou o experimento a partir do qual sua fama inicial floresceu; na verdade, ele descobriu o experimento. ... Ninguém duvidava da existência de gotas individuais. Qualquer um poderia ter juntado o equipamento existente há mais de uma década se tivesse pensado em observar a gota , em lugar da nuvem. ... o aprisionamento da imaginação exercido pela tradição do trabalho com as nuvens parece ter se relaxado apenas no acidente de Millikan" (Holton, op.cit., p.46).

6. Ibid., p.53.

7. Millikan. *Autobiography*, p.75.

8. Idem.

9. Millikan. "The isolation of an ion, a precision measurement of its charge, and the correction of Stokes' law." *Science*, n.32, 1910, p.436.

10. A página de caderno em questão é reproduzida por Holton. "Subelectrons", p.64.

11. Millikan. "On the elementary electrical charge and the Avogrado constant." *Physics Review*, n.2, 1911, p.109-43.

12. Comunicação pessoal, Herbert Goldstein.

13. Holton, op.cit.

14. Segerstrãle, op.cit.

15. *Exposés* sempre tiveram um apelo poderoso, mas especialmente no período pós-Watergate, quando surgiu o artigo de Holton. Críticos da mídia como David Foster Wallace examinaram por que "adoramos a ideia de imoralidades secretas e escandalosas serem arrastadas para a luz e expostas". As exposições (*exposés*), Wallace escreveu, dão-nos a impressão do "privilégio epistemológico" de "penetrar sob a superfície civilizada do dia a dia" para revelar forças que são ruins, ou até malévolas, em ação. David Foster Wallace. "David Lynch keeps his head." *A Supposedly Fun Thing I'll Never Do Again*, Nova York, Little, Brown, p.208.

16. Muitos outros eminentes cientistas também foram atacados por Broad e Wade, inclusive Galileu. Tomando o diálogo ficcional como representante de narrativa histórica, e partindo da interpretação idiossincrática de Galileu pelo historiador da ciência Koyré, Broad e Wade o incluíram em sua lista de "casos conhecidos ou suspeitos de fraude na ciência" por ter "exagerado os resultados de seus experimentos". Eles relegaram a uma nota de rodapé menções a historiadores da ciência mais recentes que examinaram os cadernos de Galileu a fundo, como Settle e Drake, e apresentaram provas convincentes de que Koyré equivocara-se desastrosamente em sua interpretação de Galileu.

17. A. Franklin. "Forging, cooking, trimming, and riding the bandwagon". *American Journal of Physics*, n.52, 1984, p.786-93.

18. Ibid., p.83.

Interlúdio 8

A percepção na ciência (*p.143-145*)

1. Citado em Evelyn Fox Keller. *Reflections on Gender and Science*. New Haven, Yale University Press, 1985, p.165.

2. Anônimo. *Science News*, 139, 1990, p.359.

3. Ver Robert P. Crease. *The Play of Nature: Experimentation as Performance*. Bloomington, Ind., Indiana University Press, 1993; Patrick A. Heelan. *Space-Perception and the Philosophy of Science*, Berkeley, University of California Press, 1983; Don Ihde. *Technology and the Life-World*. Bloomington, Ind., Indiana University Press, 1990.

4. No entanto, uma complicação importante é que um termo científico (como "elétron") pode ter o que foi chamado de "dupla semântica", já que se refere tanto ao termo abstrato em uma teoria quanto à sua presença física no laboratório (considere a diferença, por exemplo, entre o "dó" em uma partitura musical e o "dó" ouvido em um concerto). Sobre a dupla semântica da ciência, ver Patrick A. Heelan. "After the experiment: realism and research." *American Philosophical Quarterly*, n.26, 1989, p.297-308; e Crease; *Play of Nature*, op.cit., p.88-9.

5. Albert Einstein in Cliffon Fadiman (org.). *Living Philosophies*. Nova York, Doubleday, 1990, p.6.

9. Beleza nascente

A descoberta do núcleo atômico por Rutherford (*p.147-157*)

1. O artigo clássico sobre este experimento é de J.L. Heilbron. "The scattering of α and β particles and Rutherford's atom." *Archive for History of Exact Sciences*, n.4, 1967, p.247-307.

2. M. Oliphant. *Rutherford: Recollections of the Cambridge Days*. Amsterdã, Elsevier, 1972, p.26.

3. J.A. Crowther. *British Scientists of the Twentieth Century*. Londres, Routledge & Kegan Paul, 1952, p.44.

4. A.S. Russell. "Lord Rutherford: Manchester, 1907-1919: a partial portrait." *Proceedings of the Physical Society*, n.64. 1º de mar 1951, p.220.

5. Oliphant, op.cit., p.123.

6. Citado em ibid., p.65.

7. J.L. Heilbron. "An era at the Cavendish." *Science*, n.145, 24 ago de 1964, p.825.

8. Oliphant, op.cit., p.11.

9. Citado em D. Wilson. *Rutherford: Simple Genius*. Cambridge, Mass., MIT Press, 1983, p.290.

10. E.N. da C. Andrade. *Rutherford and the Nature of the Atom*. Nova York, Doubleday, 1964, p.11.

11. Citado em Wilson, op.cit., p.296.

12. Citado em A.S. Eve. *Rutherford*. Nova York, Macmillan, 1939, p.199.

13. Citado em ibid., p.194-5.

14. J.G. Crowther. "On the scattering of the homogeneous rays and the number of electrons in the atom." *Proceedings of the Royal Society of London*, n.84, 1910-1911, p.247.

15. E. Rutherford. "The scattering of α and β particles and the structure of the atom." *Proceedings of the Manchester Literary and Philosophical Society*, série 4, ano 55, n.1, mar 1911, p.18.

16. E. Rutherford. "The scattering of α and β particles by matter and the structure of the atom." *Philosophical* Magazine, mai 1911, p.669-88.

Interlúdio 9

Artesanato na ciência (*p.158-161*)

1. Citado em Robert P. Crease e Charles C. Mann. *The Second Creation: Makers of the Revolution in Twentieth-Century Physics*. New Brunswick, N.J., Rutgers University Press, p.337-8.

2. Todas as citações neste parágrafo foram extraídas de Patrick McCray. "Who owns the sky? Astronomers postwar debates over national telescopes for Optical Astronomy" (trabalho não publicado).

3. Robert P. Crease. *The Play of Nature: Experimentation as Performance*. Bloomington, Ind., Indiana University Press, 1993, p.109-11.

4. A conversa está citada in ibid., p.117-18.

10. O único mistério

A interferência quântica de elétrons isolados (*p.163-174*)

1. R.P. Feynman, R.B. Leighton e M. Sands. *The Feynman Lectures on Physics*, vol.3. Menlo Park, Addison-Wesley, 1965, Capítulo 1. Parte das frases seguintes foi tirada de Feynman. *The Character of Physical Law*. Cambridge, Mass., MIT Press, 2001, Capítulo 6.

2. A analogia de Feynman, como todas as analogias, é apenas aproximada e, numa inspeção mais cuidadosa, não tão clara quanto parece. Balas podem colidir umas com as outras antes de atingir o detector, o que alteraria o padrão. E, se balas tão pequenas quanto os elétrons ricochetearem dos cantos de uma pequena tela, elas (diferentemente de balas verdadeiras) sofrem e transmitem para a tela uma mudança de aceleração, o que pode afetar o padrão e a interação seguinte entre os próximos elétrons e a tela. Finalmente, a comparação de Feynman entre balas e ondas de água busca um efeito retórico. Quando diluímos qualquer tipo de matéria, ela acaba se tornando átomos ou campos, ambos quantificáveis — então *nunca* teremos um padrão ondular contínuo.

3. De 1888 a 1973, o Instituto de Física situava-se no centro da cidade, e os físicos que trabalhavam com microscopia de elétrons de alta resolução ou com interferometria elétrica, nos anos seguintes, tinham de batalhar contra os distúrbios magnéticos criados pela vida urbana. Em 1973, o Instituto mudou-se para um novo prédio, no topo de uma montanha, fora da cidade. Assim como os astrônomos querem seus telescópios construídos longe das luzes da civilização, também Möllenstedt queria seu Instituto longe de distúrbios eletromagnéticos.

4. Ele procedeu da seguinte maneira: como substrato temporário usou uma placa de vidro de 4x4cm coberta por uma fina camada de 20 nanômetros de prata depositada por evaporação. Isso era grosso o suficiente para se polarizar eletricamente com cobre e formar uma lâmina com 0,5 micrometro de espessura. Mas como conseguir os pequenos cortes na lâmina? Sua primeira ideia foi arranhá-los com uma máquina de arranhar, como era prática comum para se produzir grades de interferência óptico-luminosa. Mas nenhuma máquina de arranhar estava à mão, e parecia muito difícil arranhar fendas com apenas 0,5 micrometro de comprimento com tal máquina (um comprimento tão pequeno era necessário para tornar a lâmina mecanicamente estável). Mas foi aí que entraram os velhos experimentos com placas elétricas de Jönsson. Lembrando-se de que a menor quantidade de poeira em um substrato previne a criação de uma camada eletropolarizadora, ele pôs camadas isolantes com o formato de fendas no substrato de prata antes da eletropolarização. Agora outra das máximas de Möllenstedt se torna importante: se você descobrir que tem um efeito criado pela poeira em seu experimento, tente fazê-lo trabalhar para você. Jönsson descobriu que ele realmente teve um efeito graças à poeira nas camadas de Steward, que se erguiam de moléculas de óleo condensadas a partir de vapor de óleo dentro do microscópio de elétrons. Estas moléculas de óleo eram "quebradas" pelo raio de elétrons e polimerizadas, formando a placa de Steward. Quanto mais tempo uma pessoa olhasse para um objeto, mais espessa se tornava a camada de Steward, reduzindo-se o contraste da imagem. Jönsson experimentou com placas de Steward e descobriu que eram bons isolantes, impedindo a eletropolarização do cobre nos pontos em que o substrato prateado se condensava. Agradeço a Claus Jönsson pela ajuda com essas explicações de seus experimentos.

5. Ele construiu um aparelho óptico de elétrons para produzir uma sonda de elétrons que imprimiria a camada de Steward no formato de fenda no substrato de prata. Para imprimir várias fendas (no máximo dez) lado a lado, ele supriu seu aparato com um condensador para desviar a sonda de elétrons pelas voltagens verticais em relação à fenda. Depois de estabelecer o tempo de exposição para conseguir as camadas de Steward com a grossura de 10 a 50 nanômetros, Jönsson conseguiu produzir as fendas necessárias na folha de cobre. Mas como removê-las do substrato, e como remover a prata e polimerizá-la fora das fendas? Aqui a natureza ajudou Jönsson. Ele notou que poderia usar um par de pinças para retirar da placa de vidro a camada de cobre e prata na direção das fendas sem destruí-las. Quando preparava as fendas sobre o furo de 0,5 nanômetro de um buraco de diafragma e as observou ao microscópio, percebeu que não havia matéria nelas. Durante o processo de impressão, o raio de elétrons prendera as camadas de Steward ao substrato de prata e vidro, onde elas permaneceram até mesmo quando a folha de cobre foi removida. Comprovou-se então que dois grandes problemas na preparação de fendas não eram insolúveis.

6. Em 1972, eles obtiveram o primeiro padrão de interferência de Fringe com um elétron biprisma inserido no espécime Cartridge de um microscópio de elétrons Siemens Elmiskop 1A equipado com um filamento pontudo feito sob medida. Esse trabalho recebeu um prêmio como melhor experimento didático da Sociedade de Físicos da Itália.

7. P.G. Merli, G.F. Missiroli e G.Pozzi. *American Journal of Physics*, n.44, 1976, p.306-7.

8. O endereço online é www.bo.imm.cnr.it.

9. A. Tonomura, J. Endo, T. Matsuda, T. Kawasaki e H. Ezawa. "Demonstration of single-electron buildup of an interference pattern." *American Journal of Physics*, n.57, 1989, p.117-20.

10. A palestra de Tonomura na Royal Society está disponível em http://www.vega.org.uk/series/vri/vri4/index.php. Ver também Peter Rodgers. "Who performed the most beautiful experiment in Physics?" *Physics World*, set 2002.

Interlúdio 10
Quase vitoriosos (*p.175-178*)

1. Nossa fonte mais antiga para essa história é o arquiteto e engenheiro romano Vitrúvio, e ela é citada no verbete "Arquimedes", Charles C. Gillispie (org.). *Dictionary of Scientific Biography*. Nova York, Scribner, 1970-80.

2. Frederic Laurence Holmes. *Meselson, Stahl, and the Replication of* DNA*: A History of "The Most Beautiful Experiment in Biology"*. New Haven, Yale University Press, 2001.

3. Ver Deborah Blum. *Love At the Goon Park: Harry Harlow and the Science of Affection*. Cambridge, Mass., Perseus, 2002.

4. J. Garcia e R. Koelling. "Relation of cue to consequence in avoidance learning." *Psychonomic Science*, n.4, 1966, p.123-4.

5. Disponível em http://www.aps.org/apsnews/0101/010106.html.

6. Isso é emprestado da descrição não técnica em Robert P. Crease e Charles C. Mann. *The Second Creation: Makers of the Revolution in Twentieth-Century Physics*. Nova York, Macmillan, 1986, p.164-5.

7. Para uma descrição não técnica, ver ibid., p.206-8.

8. Para uma descrição não técnica, ver Robert P. Crease. *Making Physics: A Biography of the Brookhaven National Laboratory, 1946-1972*. Chicago, University of Chicago Press, 1999, p.248-50.

9. Citado em ibid., p.400.

Conclusão
A ciência ainda pode ser bela? (*p.179-183*)

1. O valor preciso do momento anômalo magnético do múon, como se pode adivinhar pela quantidade de vezes que foi medido, apesar da dificuldade envolvida, é um dos números mais avidamente procurados na física. A razão disso é que qualquer discrepância entre o número teoricamente calculado e o que experimentadores medem revelaria uma informação vital sobre o que está além do modelo comum da física elementar de partículas – o pacote teórico, montado na segunda metade do século XX, que descreve o comportamento dos blocos de construção mais básicos da matéria, incluindo todas as partículas conhecidas e a maioria das forças que os afetam. Ver William Morse et al. "Precision measurement of the anomalous magnetic moment of muon." In H. Sadeghpour, E. Heller e D. Pritchard (org.). XVIIIª Conferência Internacional sobre Física Atômica. World Scientific Publishing, 2002.

2. Todos os múons giram continuamente em um eixo e à mesma velocidade. Quando algum deles seguir um caminho circular em um campo magnético uniforme, esse eixo vai oscilar ou balançar. A frequência da oscilação é determinada por sua razão giromagnética, ou "fator *g*". Na física clássica, para a qual a massa de uma partícula ocupa um lugar claramente definido no espaço e tempo, o valor do fator g seria exatamente um. Quando Paul Dirac combinou a relatividade com a mecânica quântica, calculou o valor do fator *g* como exatamente dois. Mas de acordo com o famoso princípio de incerteza da mecânica quântica de Heisenberg, nem toda a massa de um múon (ou de qualquer outra partícula subatômica) pode ser encontrada, sendo coberta por uma auréola de fantasmagóricas partículas virtuais de vida curta, que o múon constantemente emite e absorve. Isso faz com que seu fator *g* seja ligeiramente diferente de dois. Tentativas de calcular a primeira grandeza corretamente deram um valor igual a

infinito, até Feynman, Schwinger e Tomonaga serem capazes de calculá-lo em eletrodinâmica quântica como 2,002. O experimento *g*-2 mede a diferença entre o fator *g* e 2, ou *g*-2, para mais de um em um milhão. O tamanho desse número é de vital importância para físicos, pois revela novas partículas a serem descobertas. Como consequência, revelará se o modelo comum é ou não completo. Se o número medido experimentalmente coincidir exatamente com o número calculado teoricamente, significaria que o modelo comum é realmente completo (pelo menos para todos os objetivos atuais), e que qualquer nova grande teoria está ainda muito distante. Por outro lado, uma discrepância sugeriria que o modelo comum não é completo, abrindo uma pequena brecha por onde poderíamos espiar uma nova e excitante física. Para medir a oscilação foi preciso planejar e montar um genial equipamento. Construí-lo exigiu esforço de uma década, o que implicou supervisionar milhares de pequenas e delicadas peças e fazer com que todas trabalhassem juntas. O trabalho envolveu um grande número de trocas, pois cada parte tinha o potencial para afetar todas as outras. Os múons foram criados por um acelerador de partículas em Brookhaven chamado AGS: prótons do acelerador são esmagados contra um alvo, criando correntes de outros tipos de partículas, chamados píons, e estes decaem formando múons. Estes múons são polarizados – seus eixos giratórios estão todos alinhados na mesma direção. Uma vez dentro de um gigantesco ímã supercondutor, eles são "chutados" para que comecem a orbitar o centro da câmara de vácuo do ímã. O ímã construído em Brookhaven para esse propósito é o maior ímã supercondutor sólido no mundo – tão maior do que seus predecessores que muita gente pensou que não havia esperanças de construí-lo. O campo desse ímã tinha de ser uniforme e imutável, e os cientistas continuamente o testavam para descobrir possíveis flutuações. Um método usa um trole montado com um sensor que faz voltas periódicas ao longo de toda a câmara de vácuo; em certo ponto, os cientistas montaram uma pequena câmera de vídeo no trole e filmaram sua jornada de uma hora – como uma jornada por um túnel de metrô muito longo e monótono.

3. Um múon decai formando um elétron (e dois neutrinos), mas essa decadência não se dá ao acaso; em decorrência da violação de paridade, os elétrons de alta energia são regurgitados em uma determinada direção com respeito ao eixo giratório dos múons. Esses elétrons são então localizados por detectores instalados no interior do anel.

4. Um físico teórico de Cornell chamado Toichiro Kinoshita passou mais de uma década esforçando-se em equações e usando os computadores mais rápidos existentes para produzir correções de alta ordem desse número.

5. Um dos motivos pelos quais a relatividade está envolvida deve-se ao fato de que os múons viajam a uma velocidade quase igual à da luz se receberem dilatação e, em vez de viverem por apenas 2,2 microssegundos, eles vivem os incríveis, comparativamente, 64 microssegundos – um fenômeno que torna esse experimento possível.

6. Para uma crítica à abordagem que o construtivismo social faz da ciência – e da visão de que essa pesquisa é essencialmente uma negociação política e legal na qual ambas as partes trocam interesses –, ver Martin Eger. "Achievements of the hermeneutic-phenomenological approach to Natural Science: a comparison with constructivism Sociology." In Robert P. Crease (org.). *Hermeneutics and the Natural Sciences*. Dordrecht, Kluwer, 1997, p.85-109.

7. É tentador encarar esses cenários de "como trabalhamos", como o filósofo Maxine Sheets-Johnstone os chama sarcasticamente, como verdadeiros. Mas eles são apenas formalizações e, como qualquer demonstração de um processo complexo, foram criados com um propósito e uma ideologia. O motivo silencioso de cada uma das tentativas é eliminar o corpo da ciência. Não, é claro, o corpo físico de sangue e ossos, mas o que os filósofos chamam de "corpo vivo" – a unidade produtiva primordial e insuperável que, para começo de conversa, faz com que existam mundos e pessoas. Orientados pela lógica, os acadêmicos querem eliminar o corpo vivo, e reconstruir a ciência sem sua dimensão afetiva, pois esta parece introduzir um elemento arbitrário e irracional no que encaram como um processo impessoal e objetivo. Seria difícil – e certamente artificial – achar um lugar para a beleza em tal visão. Em contrapartida, aqueles acadêmicos que focalizam exclusivamente as dimensões sociais da ciência querem eliminar o corpo vivo pela razão oposta – porque admitir o papel fundamental de um corpo humano animado no conhecimento ameaça definir estruturas que geram e se originam na experiência humana, e que não só se recusam a ser reduzidas a fatores sociais, como também, em certa medida, os controlam – e podem empurrá-los para longe e até opor-lhes resistência. Existe pouco espaço para a beleza aqui também. Pois a beleza é intrinsecamente boa, enquanto o idioma do embate de poderes reduz toda bondade a um bem instrumental. Esta forma de ver a ciência é, portanto, tão desumanizadora quanto aquela orientada pela lógica, que mostra a ciência em termos estritamente racionais. Para mais pesquisas sobre o papel do corpo na investigação humana, ver Sheets-Johnstone. *The Primacy of Movement*, Filadélfia, John Benjamins, 1999. Assim como os artistas, os cientistas trabalham com a totalidade de seu ser, ou seja, há em seu trabalho uma dimensão afetiva irredutível. Se arrancarmos da ciência os seus elementos de afetividade e beleza, nós a representaremos muito mal, e o resultado será uma visão da ciência que é uma criação acadêmica, um artefato. Uma visão completa envolveria um papel para algo como a beleza — a revelação definitiva do que é fundamental, de forma que sejamos absorvidos por um momento na presença de algo que ao mesmo tempo pertence ao reino dos sentidos e ao reino das ideias. Uma visão completa envolveria também um papel para o amor, a paixão que se correlaciona ao objeto belo: aquilo que algo belo inspira, e o que sentimos por algo belo.

8. Platão. *O banquete*, 211C.

Agradecimentos

Este livro nasceu de um artigo que fiz para *Physics World*, e sinto-me em débito com seus editores, especialmente Martin Durrand e Peter Rodgers, por terem me dado a oportunidade de escrever uma coluna para essa revista, e também com as centenas de pessoas que responderam à minha enquete. Escrevi este livro (ao mesmo tempo que prosseguia com diversos outros projetos) durante parte do meu ano sabático na Universidade Stony Brook e no Instituto Dibner para História da Ciência e da Tecnologia, no MIT, e sou grato a seu diretor, George E. Smith, e a outros membros de sua equipe – Carla Chrisfield, Rita Dempsey, Bonnie Edwards e Trudy Kontoff –, assim como aos membros da equipe da Biblioteca Burndy: Anne Battis, Howard Kennett, David McGee, Judith Nelson e Ben Weiss. Sou grato também a meu agente literário, John Michel, que me dirigiu com imaginação para a direção correta, e a meu editor, William Murphy. Como todos os colunistas, dependo muito dos outros para inspiração, ideias e informação, e entre aqueles que me proporcionaram sugestões e comentários úteis, assim como outros tipos de ajuda, incluem-se Phillip Bradfield, Edward Casey, Elizabeth Cavicchi, Stephanie Crease, Robert DiSalle, Patrick Heelan, Jeff Horn, Thomas Humphrey, Don Ihde, Claus Jönsson, Kate, South Country, Jean-Marc Lévy Leblond, Gerald Lucas, Peter Manchester, Alberto Martinez, Pier Giorgio Merli, Lee Miller, Arthur Molella, Giulio Pozzi, Patri Pugliese, Evan Selinger, Thomas Settle, Steve Snyder, Bob Street, Clifford Swartz, AkiraTonomura, Jeb Weisman, Evan Welsh, Don Welton, e muitos outros. Como sempre, fui energizado pelos sons de surpresa. Por fim, quero agradecer a Jack Train Jr., cujo modo inovador de escrever sobre ciência, talento de editor e generosidade têm sido minha inspiração há décadas.

Índice onomástico

Este livro foi composto por Letra e Imagem
em Minion e Zapf Humanist e impresso
por Geográfica Editora em novembro de 2011.